CONTENIDOS

CAPÍTULO 1: Introducción general

1.1 ¿Qué es la manufactura o fabricación?

La palabra *manufactura* apareció por primera vez en inglés en 1567 y se deriva del latín *manu factus*, que significa "hecho a mano". Hoy en día, definimos manufactura o fabricación como el conjunto de actividades por las que uno o varios materiales son transformados en productos para satisfacer las necesidades humanas.

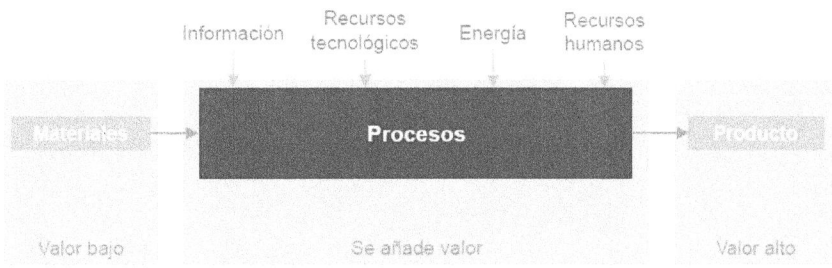

1.2 ¿Qué se fabrica?¿Con qué se fabrica?

Los procesos de fabricación nos permiten obtener multitud de productos. Desde pequeñas piezas de precisión hasta bienes de consumo o de capital. Todos estos bienes se fabrican con multitud de materiales. Una pequeña clasificación de estos puede ser:

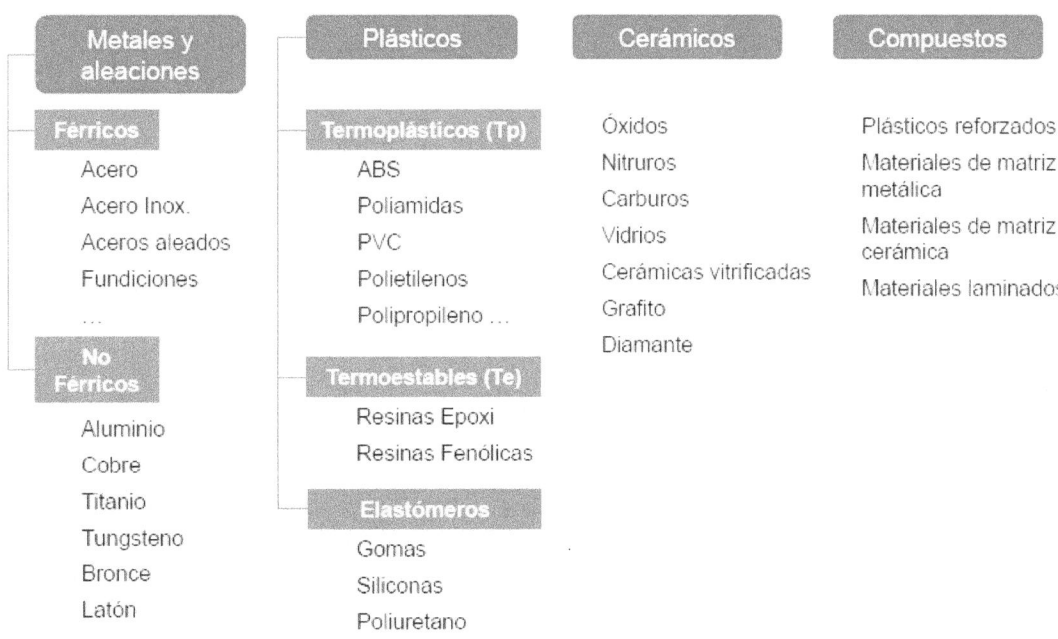

Lo que nos da una idea de la multitud de productos y variedades de procesos de fabricación.

CAPÍTULO 2: Estructura de los metales

¿Por qué algunos metales son duros y otros blandos? ¿Por qué algunos son frágiles mientras que otros son dúctiles y pueden moldearse con facilidad sin que se presenten fracturas? ¿Por qué una pieza de lámina metálica puede comportarse de manera diferente cuando se estira en una dirección que cuando lo hace en la otra? Estas preguntas pueden responderse mediante el estudio de la estructura atómica de los metales, es decir, de la disposición que guardan los átomos dentro de los metales. Al comprender la estructura de los metales también es posible predecir y evaluar sus propiedades, lo que ayuda a elegir los más apropiados para aplicaciones específicas.

2.1 Estructura cristalina de los metales

Cuando los metales se solidifican a partir de un estado fundido, los átomos se organizan en varias configuraciones ordenadas, llamadas cristales. Esta disposición atómica se denomina estructura cristalina. El grupo más pequeño de átomos que muestra la estructura de red característica de un metal particular se conoce como celda unitaria.

2.2 Deformación y resistencia de los monocristales

Se define *monocristal* como aquel material en el que la red cristalina es continua y no está interrumpida por bordes de grano hasta los bordes de la muestra. Cuando un monocristal se somete a una fuerza externa, primero experimenta una deformación elástica; es decir, regresa a su forma original cuando la fuerza se retira. Si la fuerza se aumenta lo suficiente, el cristal experimenta una deformación plástica o permanente.

Existen dos mecanismos básicos mediante los cuales se presenta la deformación plástica en las estructuras cristalinas. Un mecanismo implica el deslizamiento de un plano de átomos sobre un plano adyacente, llamado plano de deslizamiento, bajo un esfuerzo cortante. Este esfuerzo, deberá ser suficientemente grande como para romper los enlaces y permitir el deslizamiento. El segundo y menos común de los mecanismos de deformación plástica que ocurre en los cristales es el maclado.

2.3 Imperfecciones en la estructura cristalina de los metales

La resistencia real de los metales es aproximadamente de uno o dos órdenes más bajos que los niveles de resistencia obtenidos a partir de cálculos teóricos. Esta discrepancia se explica en términos de los defectos y las imperfecciones que tienen lugar en la estructura cristalina.

A diferencia de los modelos idealizados, los cristales metálicos reales contienen un gran número de defectos e imperfecciones que suelen categorizarse de la siguiente manera:

1. Defectos puntuales, tal como una vacancia (átomo faltante), un átomo intersticial (átomo extra en la red) o una impureza (átomo externo que ha sustituido al átomo de metal puro).
2. Defectos lineales, llamados dislocaciones.
3. Imperfecciones planares, como los límites de grano.
4. Imperfecciones volumétricas, como las cavidades o las inclusiones.

Las propiedades mecánicas, como la resistencia a la fractura, se ven afectadas negativamente por la presencia de estos defectos.

Por nuestra parte, vamos a prestar una especial atención a las dislocaciones, por su importancia a la hora de justificar la discrepancia entre las resistencias reales y teóricas de los metales. Las dislocaciones son defectos en la disposición ordenada de la estructura atómica del metal. Un plano de deslizamiento que contiene una dislocación requiere un esfuerzo cortante mucho más bajo para permitir el deslizamiento que el requerido por un plano en una red perfecta.

Existen dos tipos de dislocaciones: de borde y en tornillo. Una analogía con el movimiento de una dislocación de borde es el avance de una lombriz de tierra, que inicia su movimiento con una joroba que empieza en la cola y avanza hasta la cabeza.

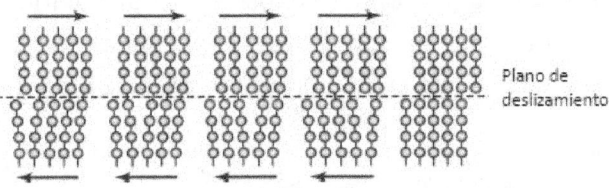

Las dislocaciones en tornillo se llaman así porque los planos atómicos forman una rampa en espiral, de igual modo que las roscas de un tornillo.

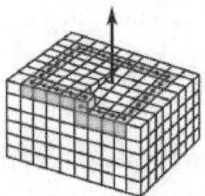

Estos defectos no pueden arreglarse con métodos ordinarios, por lo tanto, nos interesa cómo podemos endurecer el metal sin tener que emplear muchos recursos humanos y económicos.

2.4   Endurecimiento por deformación

Aunque la presencia de una dislocación reduce el esfuerzo cortante requerido para causar deslizamiento, las dislocaciones pueden:

1.   Enmarañarse e interferir entre sí.
2.   Quedar restringidas por barreras, como los límites de grano, impurezas e inclusiones.

Un mayor esfuerzo cortante requerido para superar los enmarañamientos y los obstáculos resulta en un incremento de la resistencia y la dureza del metal. Esto se conoce como endurecimiento por deformación. Cuanto mayor sea la deformación, mayor será el número de obstáculos y, por lo tanto, mayor será el aumento de la resistencia del metal.

2.5   Granos y límites de grano

Cuando una masa de metal fundido comienza a solidificarse, los cristales se forman de manera independiente entre sí en varios lugares dentro de la masa líquida y, por lo tanto, tienen orientaciones aleatorias y no relacionadas. Cada uno de estos cristales crece eventualmente en una estructura cristalina, o *grano*. Cada grano consiste en un solo cristal.

El número y tamaño de los granos desarrollados en una unidad de volumen del metal dependen de la velocidad o rapidez a la que se produce la nucleación (la etapa inicial de la formación de cristales). Si la velocidad de nucleación es alta, el número de granos en una unidad de volumen será grande y, por la tanto, el tamaño de grano será pequeño. Por el contrario, si la velocidad de crecimiento de los cristales es alta en comparación con su velocidad de nucleación, habrá un menor número de granos y, por consiguiente, el tamaño de grano será más grande. En general, el enfriamiento rápido produce granos más pequeños, mientras que un enfriamiento lento produce granos grandes.

Téngase en cuenta, que la superficie que separa los granos entre sí recibe el nombre de límite de grano. La orientación cristalográfica cambia bruscamente de un grano al siguiente a través de los límites de grano.

2.6   Deformación plástica de metales policristalinos: Anisotropía

Cuando un metal policristalino con granos equiaxiales uniformes (granos que tienen dimensiones iguales en todas las direcciones) se somete a deformación plástica, los granos se deforman y alargan. La deformación puede llevarse a cabo, por ejemplo, por la compresión de la pieza de metal en un proceso de forja.

Durante la deformación plástica, los límites de grano permanecen intactos y se mantiene la continuidad de la masa. El metal deformado exhibe mayor resistencia debido al enmarañamiento de las dislocaciones con los límites de grano y entre ellas mismas.

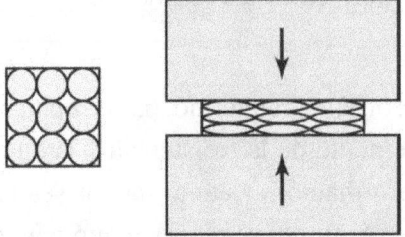

Obsérvese que, como resultado de la deformación plástica, los granos se han alargado en una dirección y se han contraído en la otra. Por consiguiente, esta pieza de metal se ha vuelto *anisotrópica* y, por lo tanto, en la dirección vertical sus propiedades son diferentes de aquellas presentes en la dirección horizontal. La anisotropía tiene lugar en procesos de deformación a una temperatura lo suficientemente baja como para que no se produzca una recristalización de los granos.

2.7   Recuperación, recristalización y crecimiento del grano

Como hemos visto anteriormente, la deformación plática a temperatura ambiente causa un comportamiento anisotrópico, aumento de la resistencia y disminución de la ductibilidad. Estos efectos pueden invertirse y las propiedades del metal pueden llevarse nuevamente a sus niveles originales mediante el calentamiento del metal a un rango de temperatura específico durante un proceso denominado *recocido*. Durante el proceso de recocido ocurren tres eventos de manera consecutiva:

1. <u>Recuperación</u>. Durante la recuperación, que se produce en un determinado rango de temperatura por debajo de la temperatura de recristalización del metal, se alivian los esfuerzos en las regiones altamente deformadas del metal.

2. <u>Recristalización</u>. Este es el proceso en el que, dentro de cierto rango de temperatura, se forman nuevos granos equiaxiales y libres de esfuerzos, en sustitución de los granos más antiguos. La temperatura requerida para la recristalización oscila aproximadamente entre 0.3 y 0.5 veces la temperatura de fusión del metal.

   Por lo general, la temperatura de recristalización se define como la temperatura a la que se produce la recristalización completa dentro de un margen aproximado de una hora.

3. <u>Crecimiento de grano</u>. Si la temperatura se eleva todavía más, los granos comienzan a crecer y, con el tiempo, su tamaño puede sobrepasar el tamaño del

grano original; este fenómeno, llamado *crecimiento de grano*, afecta negativamente a las propiedades mecánicas.

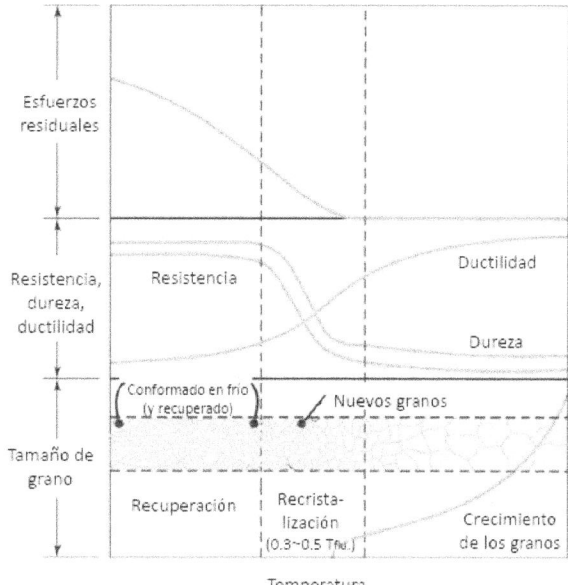

Los límites de grano tienen una influencia importante sobre la resistencia y la ductibilidad de los metales; interfieren con el movimiento de dislocación y, por lo tanto, también influyen en el endurecimiento por deformación. Debido a que los átomos que se encuentran a lo largo de los límites de grano están más desordenados y, por ende, empaquetados con menos eficiencia, los límites de grano son más reactivos que los propios granos. Como resultado, los límites de grano tienen menor energía que los átomos en la red ordenada dentro de los granos, por lo que pueden eliminarse o enlazarse químicamente a otro átomo con mayor facilidad.

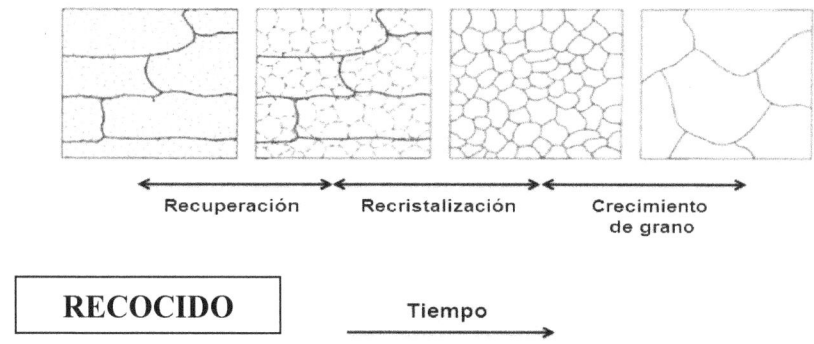

Con el proceso de recocido, pasamos de un estado de anisotropía, a uno de *isotropía*; es decir, las características son iguales independientemente de la dirección considerada. Como hemos visto, procesos de conformado en frío conducen a situaciones de anisotropía y procesos de conformado en caliente conducen a situaciones de homogenización o isotropía.

CAPÍTULO 3: Comportamiento mecánico, ensayos y propiedades de manufactura de los materiales

3.1 Principales propiedades mecánicas de un material

A continuación se dan a conocer una serie de definiciones de las principales propiedades mecánicas de un material:

1. Resistencia. Oposición que presenta un cuerpo a la rotura.
2. Ductibilidad. Capacidad que tiene un cuerpo de deformarse antes de producirse la rotura.
3. Elasticidad. Capacidad de un cuerpo de sufrir deformaciones reversibles.
4. Dureza. Oposición a ser "indentado". Es decir, a ser penetrado por un punzón.
5. Fatiga. Fenómeno por el cual la rotura de cierto material bajo cargas dinámicas cíclicas se produce más fácilmente que con cargas estáticas.
6. Fluencia. Deformación irrecuperable de cierto cuerpo a partir de la cual sólo se recuperará la parte de su deformación elástica.
7. Tenacidad. Intuitivamente se define como resistencia a los impactos.
8. Fractura. Rotura de un cuerpo.

3.2 Ensayo de tracción uniaxial

El ensayo de tracción de un material consiste en someter una probeta normalizada a un esfuerzo axial de tracción creciente hasta que se produce la rotura de la probeta.

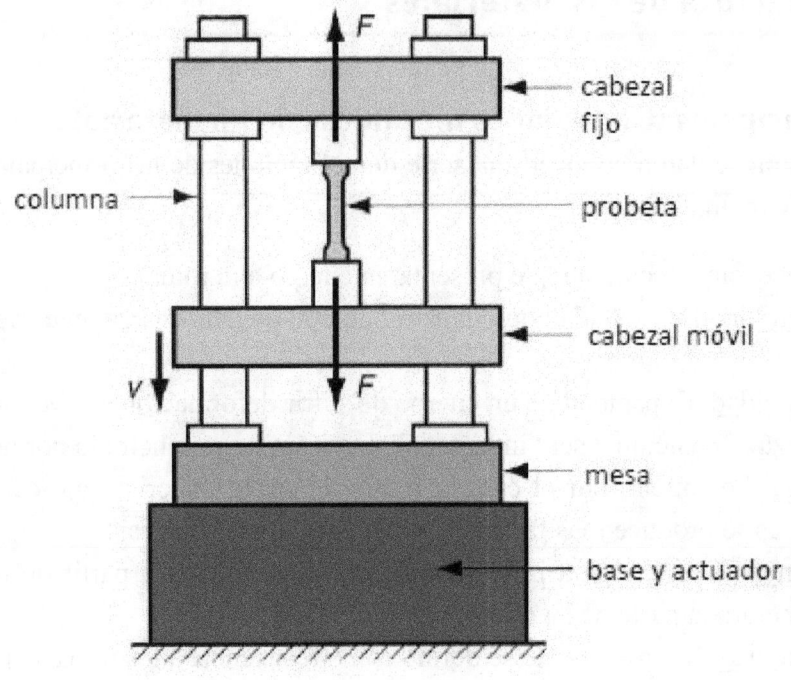

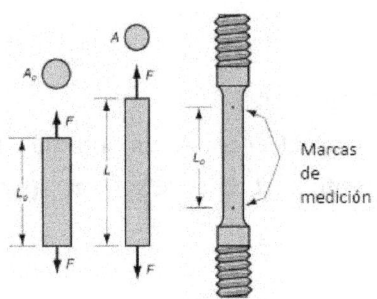

Con este ensayo podemos determinar las propiedades mecánicas de los materiales, como resistencia, tenacidad, módulo de elasticidad, entre otras. De este ensayo también obtenemos la curva de tensión-deformación.

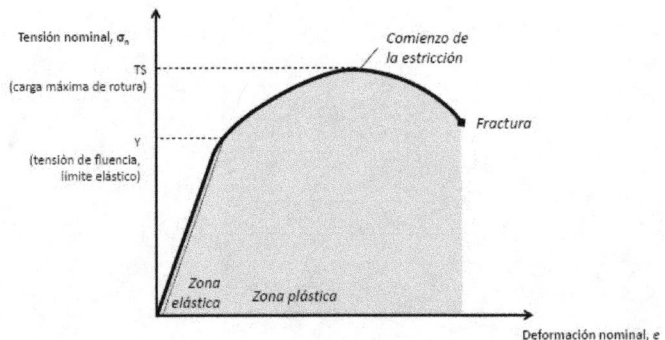

En particular, esta curva tensión-deformación sería una curva ideal, es decir, los valores de tensión (σ) y deformación (ε):

$$\sigma_n = \frac{Fuerza}{Area_{inicial}} \qquad \varepsilon_n = \frac{L - L_0}{L_0}$$

Están referidos con respecto al área inicial durante todo el ensayo, así como a la longitud inicial de la barra. Estos valores ideales se conocen como tensión ingenieril y deformación nominal.

Ahora vamos a ver cómo es esta curva con los valores reales, es decir, teniendo en cuenta el área instantánea y la longitud de la barra en cada momento. Por lo tanto:

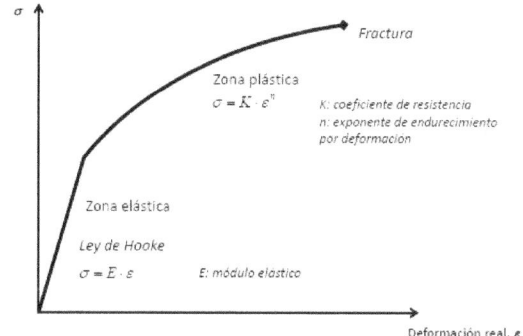

Siendo los valores de tensión real y deformación real:

$$\sigma_r = \frac{Fuerza}{Area_{real}} \qquad \varepsilon_r = \int_{l_0}^{l} \frac{dl}{l} = \ln \frac{l}{l_0}$$

Como vemos, en la zona plástica no se produce esa caída de la curva como en las condiciones ingenieriles. Esto se debe a que, tras el proceso de estricción de la probeta, la fuerza disminuye, como es lógico; pero el área lo hace en mayor proporción, por lo que la tensión nunca decrece. La curva en la zona plástica tiene una ecuación de:

$$\sigma = Ke^n$$

Donde `K´ es el coeficiente de resistencia y `n´ el exponente de endurecimiento por deformación. Nosotros lo que haremos será simplificar esta curva por una recta.

A continuación vamos a ver qué significado numérico tiene la deformación real:

1. <u>Caso 1</u>: Alargamiento de una barra desde una longitud inicial L/2 a una longitud final L.

$$\varepsilon_n = \frac{L - L/2}{L/2} = 1 \qquad \varepsilon_r = \ln \frac{L}{L/2} = \ln 2$$

El dos del logaritmo nos indica que la barra a doblado su longitud.

2. <u>Caso 2</u>: Compresión de una barra desde una longitud inicial L a una longitud final L/2.

$$\varepsilon_n = \frac{L/2 - L}{L} = -0.5 \qquad\qquad \varepsilon_r = \ln\frac{L/2}{L} = -\ln 2$$

El dos y el signo menos nos indica que la barra a disminuido la mitad de su longitud.

3. <u>Caso 3</u>: Compresión de una barra desde una longitud inicial L a una longitud final nula.

$$\varepsilon_n = \frac{0 - L}{L} = -1 \qquad\qquad \varepsilon_r = \ln\frac{0}{L} = -\infty$$

El menos infinito nos indica que la barra se ha comprimido totalmente.

3.3   Otros ensayos

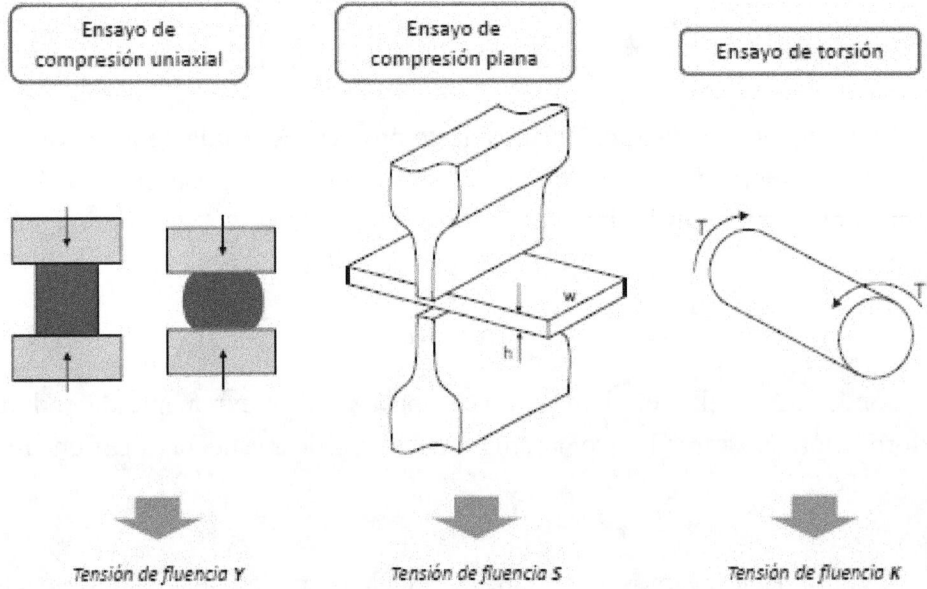

CAPÍTULO 4: Introducción a los procesos de conformado por deformación plástica

Antes de empezar a detallar los diferentes procesos de conformado por deformación plástica, debemos saber a qué se refiere este término. Entendemos por *procesos de conformado* a aquellos en los cuales se ejercen esfuerzos sobre la pieza de trabajo que la obliga a tomar una geometría específica. Para lograr este fin, estos esfuerzos deben permitir llevar al material al campo plástico, de forma que las deformaciones sean permanentes.

4.1   Estructura interna

Los metales están constituidos por minúsculos granos, constituidos estos por estructuras de átomos. Estos granos, a su vez, pueden alinearse siguiendo lo que conocemos como *líneas de flujo* de un material.

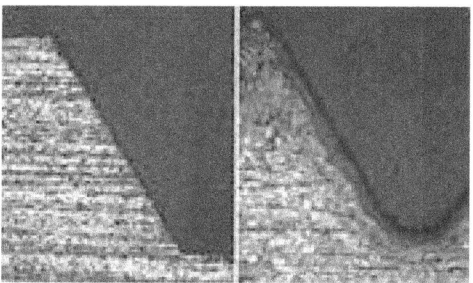

En un proceso de conformado, las líneas de flujo se adaptan a la forma deseada; es decir, no se produce ruptura de las líneas de flujo como por ejemplo en procesos de mecanizado. Un componente que preserve sus líneas de flujo sin romper posee un mejor comportamiento mecánico ante esfuerzos externos, y por ello tendrá mayor vida útil.

4.2   Tipos de procesos de conformado en función de la temperatura

Según la temperatura a la que se realice la deformación, tendremos procesos de conformado en caliente, a temperatura media o en frío. A continuación se exponen las principales características de cada uno de ellos.

PCDP en caliente	PCDP a temperatura media	PCDP en frío
$T^a > 0.6\, T_{FUSIÓN}$	$0.5\, T_{FUSIÓN} > T^a > 0.3\, T_{FUSIÓN}$	$T^a < 0.3\, T_{FUSIÓN}$
PROPIEDADES Y CARACTERÍSTICAS		
- Isotropía - Baja calidad superficial - Alta ductibilidad - Alto consumo energético - Bajas tolerancias - Procesos transformación primaria	- Menor fuerza y potencia que en frío - Permite geometrías más complejas que en frío - No se necesita recocido	- Anisotropía - Alta calidad superficial - Baja ductibilidad - Sí se necesita recocido - Bajo consumo energético - Procesos cercano a la forma final

4.3   Productos fabricados mediante deformación

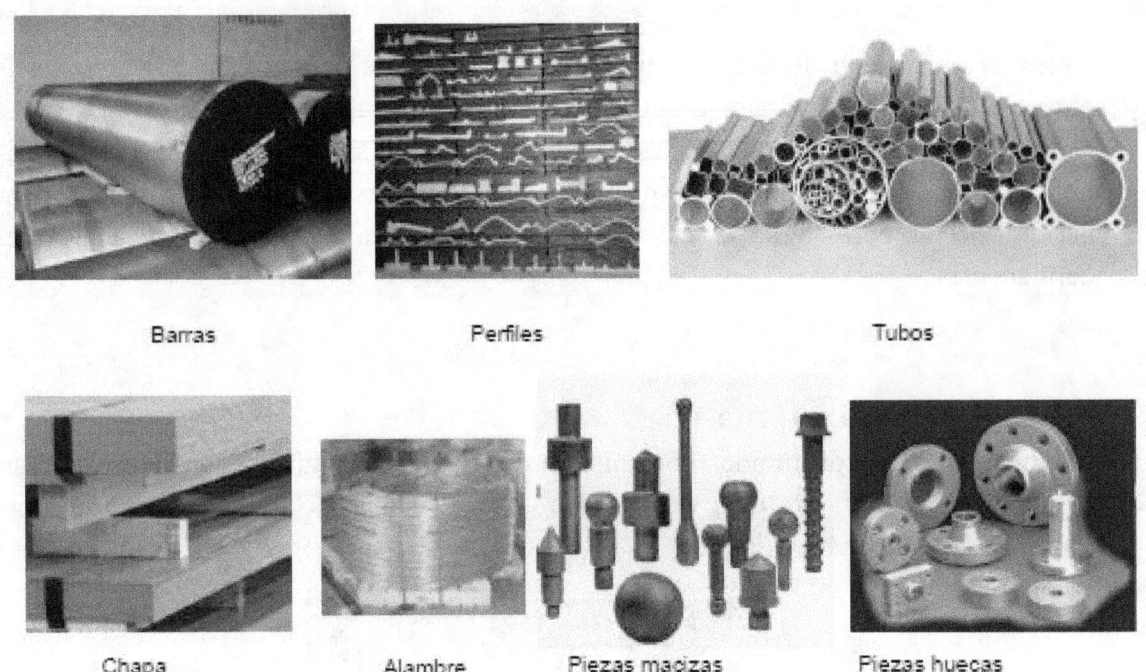

Barras   Perfiles   Tubos

Chapa   Alambre   Piezas macizas   Piezas huecas

4.4   Herramientas empleadas en conformado

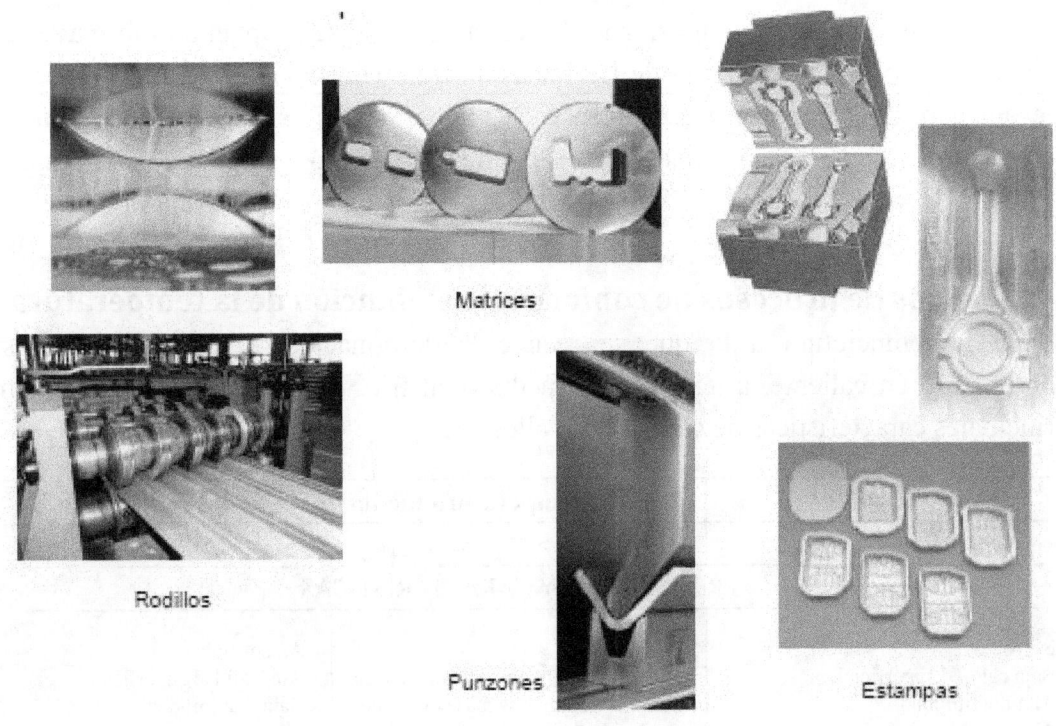

Matrices

Rodillos

Punzones   Estampas

4.5 Criterios de fluencia. Relaciones entre las tensiones de fluencia

Como vimos en el anterior capítulo, existen diferentes ensayos a partir de los cuales podemos definir tensiones de fluencia y de rotura, que van a variar dependiendo del material que se estudia. Los criterios que a continuación se van a exponer sirven para relación las tensiones de fluencia Y (ensayo de compresión uniaxial), S (ensayo de compresión plana) y K (ensayo de torsión).

1. <u>Criterio de Tresca</u>: la deformación plástica se alcanza cuando se llega al esfuerzo cortante máximo, el cual depende de cada material y de las tensiones principales del estado tensional.

$$\tau_{máx} \geq C_t \qquad \tau_{máx} = \frac{\sigma_1 - \sigma_3}{2} \geq C_t$$

2. <u>Criterio de Von Mises</u>: la fluencia se alcanza cuando la energía de deformación cortante supera un valor dependiente de cada material.

Ambos criterios establecen unas relaciones entre las tensiones de fluencia:

1. <u>Criterio de Tresca</u>:

$$Y = S \qquad S = 2K$$

2. <u>Criterio de Von Mises</u>:

$$Y = \frac{\sqrt{3}}{2}S \qquad S = 2K$$

CAPÍTULO 5: Laminación

La *laminación* es el proceso de reducir el espesor o cambiar la sección transversal de una pieza de trabajo larga mediante fuerzas de compresión aplicadas a través de un conjunto de rodillos. Este proceso se desarrolló por primera vez a finales del siglo XVI. En la actualidad, las prácticas modernas para la fabricación de acero y la producción de diversos metales y aleaciones ferrosas y no ferrosas suelen integrar la colada continua con los procesos de laminación. La *colada continua* es uno de los procesos más antiguos que se conocen para trabajar los metales; es el proceso que permite solidificar un material líquido en una cavidad que recibe el nombre de molde. Los materiales no metálicos también pueden laminarse para reducir su espesor y mejorar sus propiedades.

5.1   El proceso de laminación

La laminación se lleva a cabo primero a temperaturas elevadas (laminación en caliente). Durante esta fase, la frágil y porosa estructura de grano grueso del metal de colada continua es transformada en una estructura de forjado, que tiene un tamaño de grano más fino y propiedades mejoradas, como una mayor resistencia y dureza. Posteriormente, se puede realizar la laminación a temperatura ambiente (laminación en frío), gracias al cual la hoja laminada tiene mayor resistencia y dureza y un mayor acabado superficial. Sin embargo, la laminación en frío resultará en un producto con propiedades anisotrópicas debido a la deformación de los granos.

5.2   Piezas de trabajo en procesos de laminación

Los diferentes productos que se pueden obtener tras un proceso de laminación son múltiples. No obstante, distinguimos principalmente tres piezas de trabajo, las cuales vienen directamente de la colada continua:

1. Planchón o *slab*: consiste en un bloque de material con unas medidas de aproximadamente 1800 x 300 mm en su sección horizontal.
2. Palanquilla o *billet*: consiste en un bloque de material de sección cuadrada. Se caracteriza por tener un lado de sección transversal menor que 150 mm y ser alargado.
3. Tocho o *bloom*: consiste en un bloque de material de sección cuadrada, pero con un lado de sección transversal mayor que 150 mm. Es más compacto que la palanquilla.

Estos materiales se emplean en la obtención de diferentes formas tras el laminado. Destacamos las que proceden del planchón, que son básicamente dos:

1. Planchas: suelen tener un espesor de más de 6 mm y se utilizan para aplicaciones estructurales, como cascos de barcos.

2. <u>Chapas</u>: por lo general, tienen un espesor menos de 6 mm y se entregan o distribuyen como bobinas.

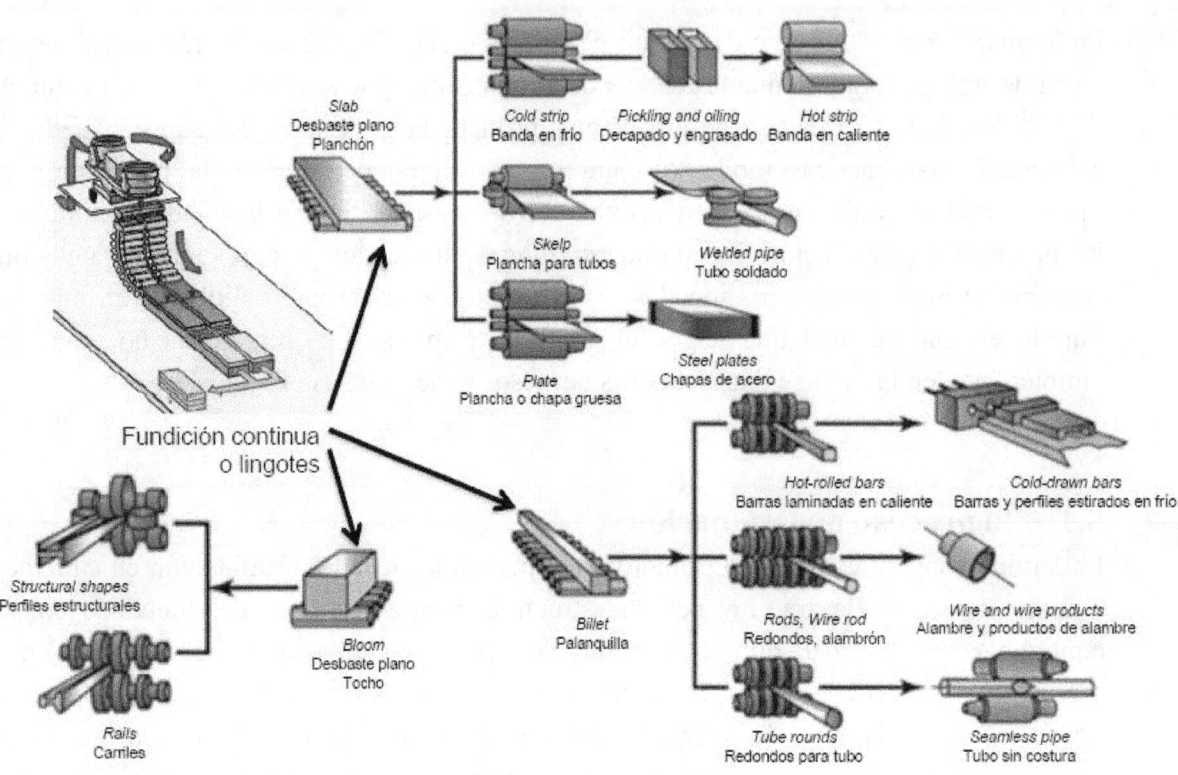

5.3 Proceso de laminación plana

Una banda de metal, de espesor h_0, entra en el espacio de laminación y su espesor se reduce a h_f por medio de un par de rodillos en rotación, estando estos accionados individualmente por motores eléctricos. La velocidad tangencial en la superficie de estos rodillos es V_r. La velocidad de la banda aumenta desde su valor de entrada V_0 a medida que se desplaza a través del espacio entre los rodillos, siendo más alta a la salida de los rodillos, donde se denota como V_f.

Debido a que la velocidad angular del rodillo rígido es constante, hay deslizamiento relativo entre el rodillo y la banda a lo largo de la longitud de contacto L. En un punto, llamado punto neutro, la velocidad de la banda es igual que la del rodillo. A la izquierda de este punto, el rodillo se desplaza más rápido que la banda; a la derecha, la banda se desplaza más rápido que el rodillo y, como consecuencia, existirán unas fuerzas de fricción que actuarán sobre la pieza de trabajo.

Debido a esta diferencia de velocidades a la entrada del material, los rodillos son capaces de morder la banda e introducirla en la zona de laminación. Esto es posible por la existencia de fuerzas de fricción entre rodillo y material. Asimismo, ha de tenerse en cuenta que para que el material salga de la zona de laminación, debe vencer nuevas fuerzas de rozamiento tras superar el punto neutro. Estas fuerzas de fricción deben ser menores que las fuerzas de entrada, pues si no es así el material no saldría de la zona de laminación. Por eso, el punto neutro se encuentra más cerca de la salida que de la entrada del material y la velocidad de salida es mayor que la de entrada.

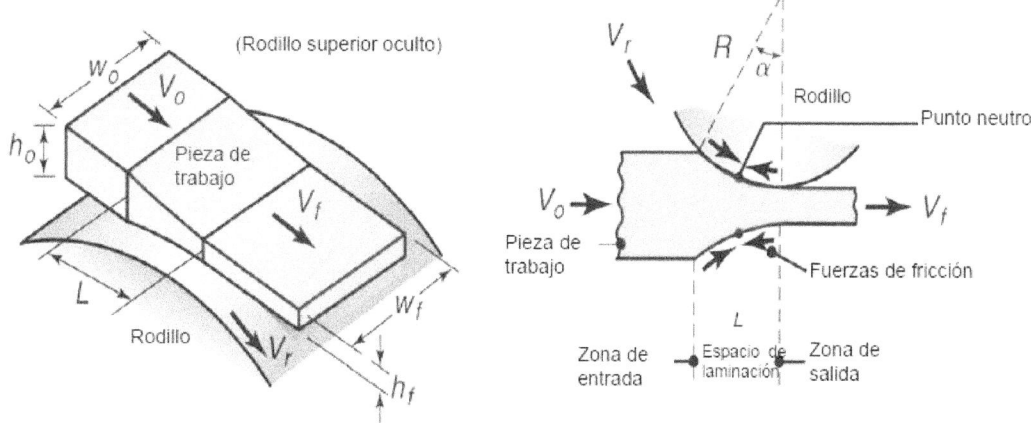

5.4 Defectos en los productos laminados

En la superficie de planchas y chapas pueden presentarse defectos estructurales. Estos defectos son indeseables porque afectan adversamente al aspecto de la superficie, y además pueden afectar a la resistencia y otras características de la pieza. Los principales defectos son:

1. Bordes ondulados.
2. Cremallera.
3. Grietas en bordes.
4. Acocorilado.

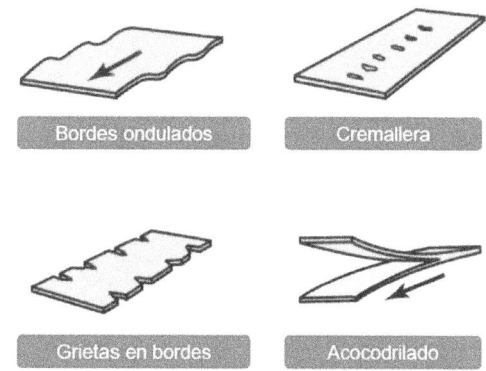

5.5   Características de los productos laminados

Las principales características de los productos laminados son:

1. <u>Esfuerzos residuales</u>. Debido a la deformación no uniforme del material en la zona de laminación, se pueden desarrollar esfuerzos residuales en las planchas laminadas, especialmente en la laminación en frío. Las pequeñas reducciones de espesor por pasada tienden a deformar plásticamente el metal a un grado más alto en sus superficies que en su cuerpo. Esta situación ocasiona esfuerzos residuales de compresión en la superficie y esfuerzos de tracción en el cuerpo. Por el contrario, las grandes reducciones de espesor por pasada tienden a deformar más el cuerpo que las superficies.

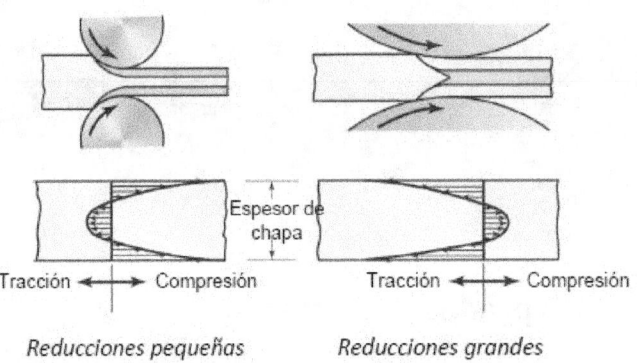

2. <u>Tolerancias dimensionales</u>. Usualmente, las tolerancias de espesor para la laminación en frío van desde ±0.01 hasta 0.05 mm; las tolerancias son mucho mayores para la laminación en caliente.

	Laminación en frío	Laminación en caliente
Tolerancia de espesor	±0,1 a ±0,35 mm	Superiores
Planicidad	±15 mm/m	±55 mm/m

3. <u>Rugosidad superficial</u>. La laminación en frío puede producir un acabado superficial muy fino, por lo que los productos hechos a partir de procesos de laminación en frío pueden no requerir operaciones adicionales de acabado.

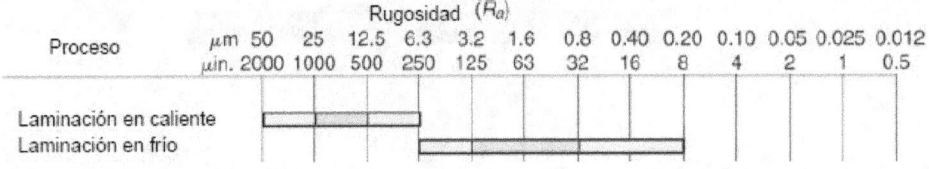

5.6   Diversidad de procesos de laminación

Existen multitud de procesos de laminación.

1. <u>Laminación de chapa</u>: corresponde a la estudiada a lo largo del capítulo.

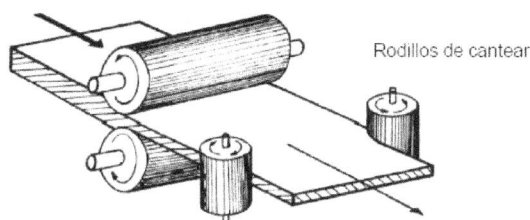

2. <u>Laminación de alambrón</u>: a partir de palanquillas o billets se puede producir alambrón. Como vemos, los rodillos poseen unas muescas que se amoldan a la forma del producto final.

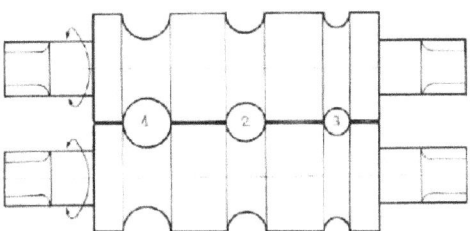

3. <u>Laminación de perfiles abiertos</u>: se hace pasar la pieza de trabajo por diversos rodillos horizontales y verticales con el objetivo de lograr un perfil determinado. Destacamos la producción de perfiles estructurales IPN.

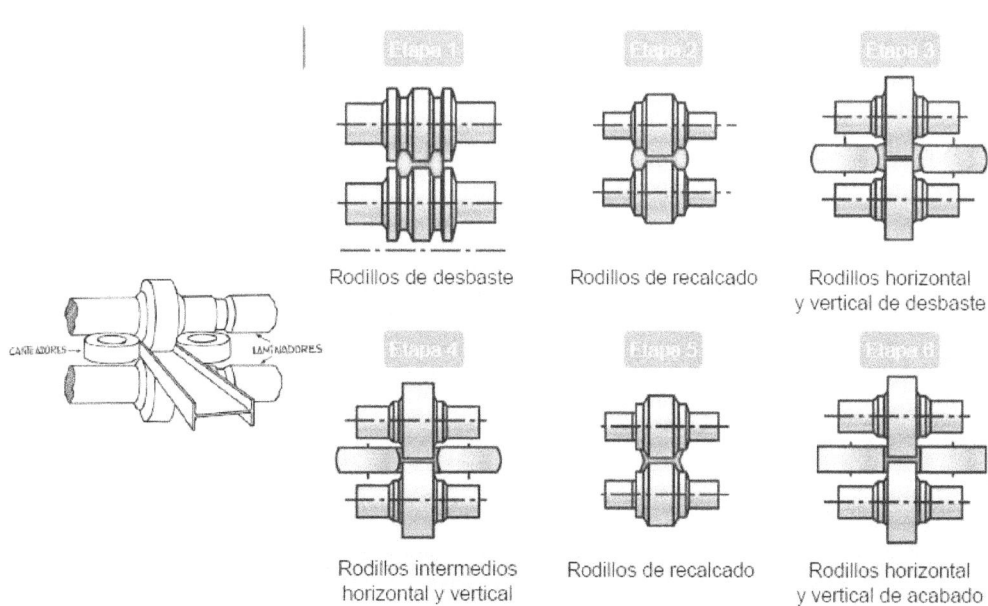

4. <u>Laminación oblicua</u>: suele utilizarse en la fabricación de bolas de rodamientos, por ejemplo. Se introduce un alambre o varilla redonda en el espacio de laminación y se forman directamente las esferas debido a la disposición de los rodillos.

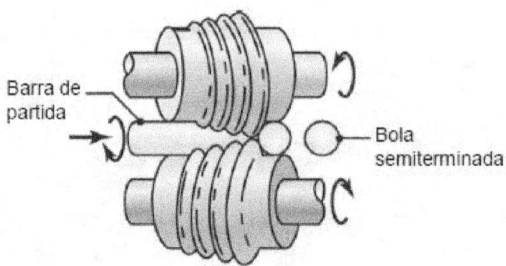

5. <u>Laminación de anillos</u>: en este proceso, se coloca una pieza bruta con forma anular entre dos rodillos, uno de los cuales es impulsado mientras que el otro es un rodillo loco. El espesor del anillo se reduce al acercarse los rodillos entre sí a medida que giran. Puesto que el volumen del anillo permanece constante durante la deformación, la reducción del espesor del anillo resulta en un aumento de su diámetro y altura.

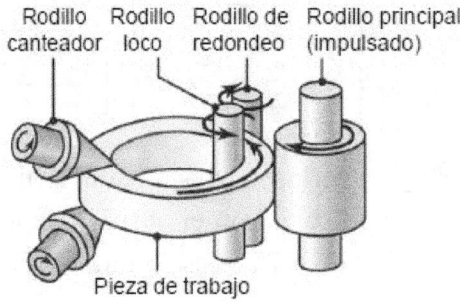

6. <u>Laminación de roscas</u>: es un proceso de conformado en frío mediante el cual se forman roscas rectas o cónicas sobre varilla redonda o alambrón. Las roscas se forman con un par de dados, que pueden ser planos o cilíndricos, de modo que al pasar el alambrón entre ellos se genera la rosca.

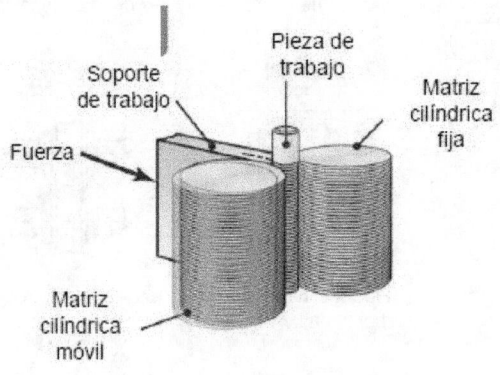

7. <u>Laminación de tubos</u>: dentro de este conjunto de procesos, destacamos el mandrilado de tubo giratorio, también llamado proceso *Mannesmann*. Consiste en una operación de trabajo en caliente para fabricar tubos largos de paredes gruesas y sin costura. Este proceso tiene su base en el principio de que cuando una barra redonda se somete a fuerzas de compresión radiales, desarrolla esfuerzos de tensión en su centro. Cuando se somete de manera continua a estos esfuerzos de compresión cíclicos, la barra comienza a desarrollar una pequeña cavidad en su centro, la cual es aprovechada por el mandril para expandir el agujero. Además, en este proceso los rodillos están colocados de tal manera que permiten el avance automático de la barra.

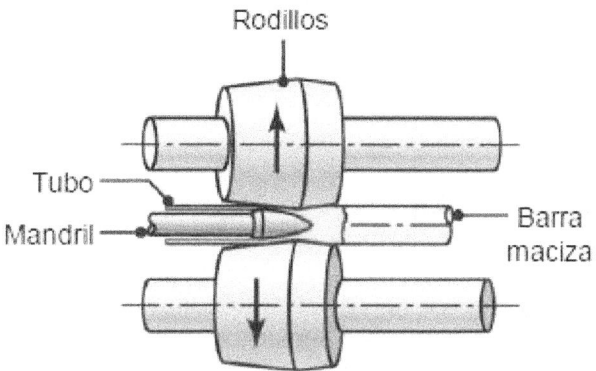

5.7 Los rodillos

Los rodillos son el elemento principal en el proceso de laminación. Constituyen el elemento que deforma directamente el material, por lo que debemos tener también en cuenta las fuerzas que actúan sobre estos, pues debemos asegurarnos que se obtienen los productos en las mejores condiciones tras el proceso.

La fuerza de laminación puede causar una flexión elástica y aplanamiento en los rodillos. A su vez, estos afectan el proceso de laminación. Las fuerzas de rodillo pueden reducirse por los siguientes medios:

1. <u>Diseño de los rodillos</u>: se diseñan los rodillos de tal forma que la parte central es más gruesa que los extremos. Al deformarse, el perfil del rodillo en la zona de laminación será recto en vez de curvo. Estos rodillos reciben el nombre de rodillos combados.

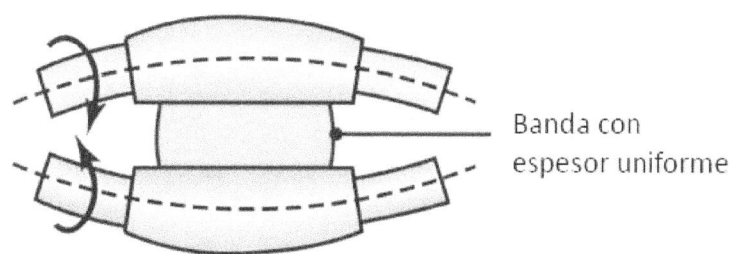

2. <u>Provocar momentos flectores en los apoyos</u>, para evitar la flexión del rodillo.

3. <u>Rodillos de apoyo:</u> los rodillos de apoyo son rodillos de mayor diámetro que los rodillos de trabajo y sobre los que se entrega la potencia de los motores. La función de estos rodillos es doble: transmitir la rotación a los rodillos de trabajo y evitar su flexión. Al mismo tiempo, podremos disminuir los diámetros de los rodillos de trabajo. De este modo disminuirá la superficie de contacto y, con ello, la fuerza sobre los rodillos.

En el diseño de los rodillos de laminación también deben tenerse en cuenta los materiales a utilizar. En función de su resistencia, rigidez y coste tendremos una gama de materiales; como por ejemplo, el hierro, el acero o el acero forjado.

5.8   Cajas de laminación. Tipos

La maquinaria necesaria para los procesos de laminación plana recibe el nombre de caja de laminación. Las cajas de laminación poseen varios elementos de interés remarcable, los cuales se muestran en la siguiente figura:

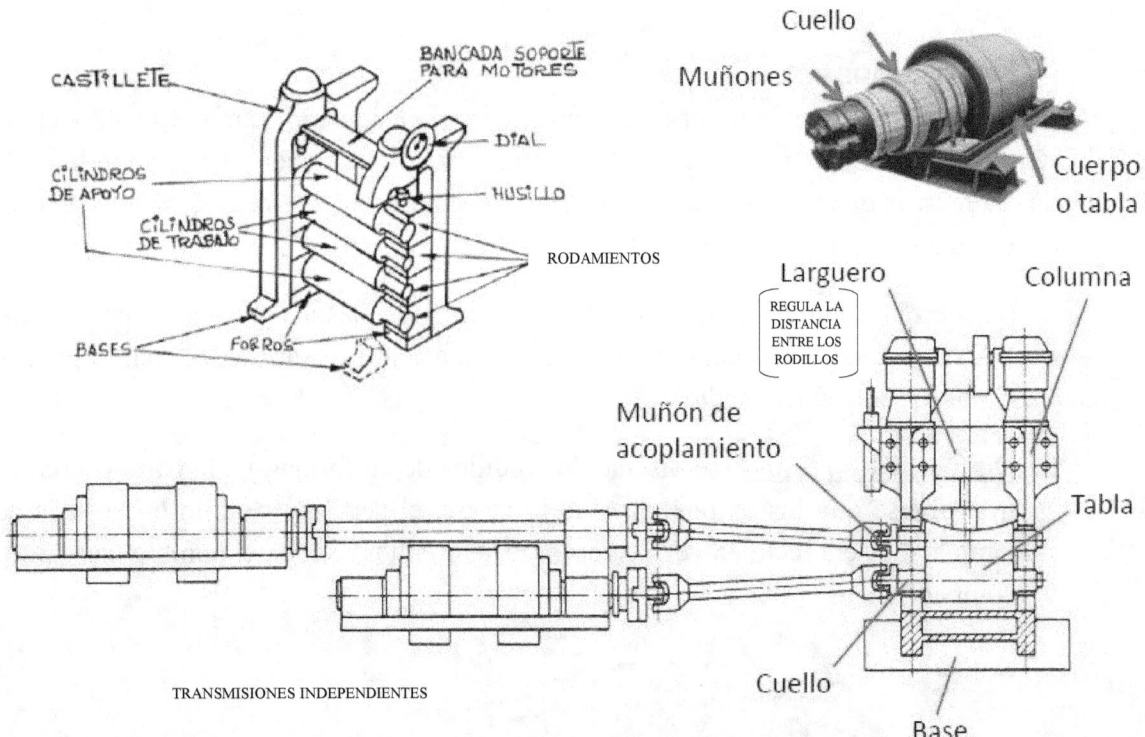

26

Como podemos observar en la ilustración anterior, existen varios tipos de cajas de laminación:

1. <u>Cajas de laminación a dúo</u>: estas cajas de laminación poseen únicamente dos rodillos de trabajo. Son muy comunes para grandes deformaciones. Para que sean reversibles, deben poder variar su distancia entre rodillos.

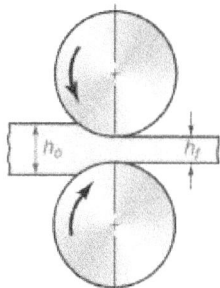

2. <u>Cajas de laminación a trío</u>: son cajas con tres rodillos de trabajo. Son reversibles, es decir, permiten la reentrada del material.

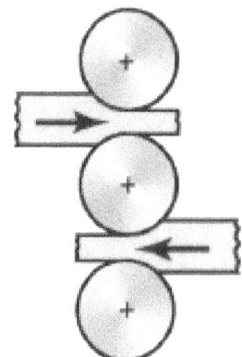

3. <u>Cajas de laminación a cuarto</u>: son cajas de laminación a dúo con la presencia de dos rodillos de apoyo.

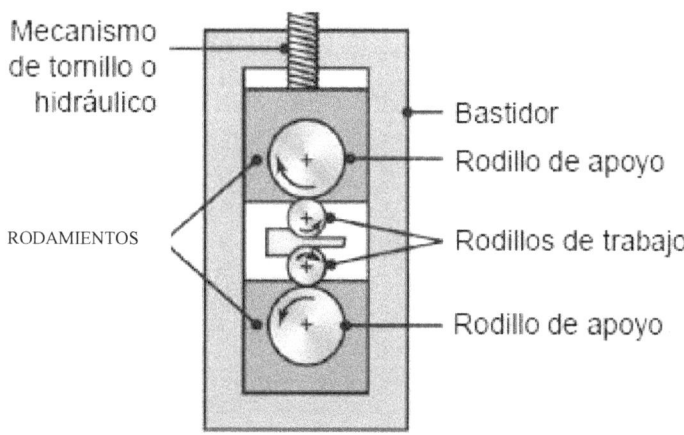

4. <u>Cajas de laminación universales</u>: son cajas de laminación a cuarto con rodillos laterales.

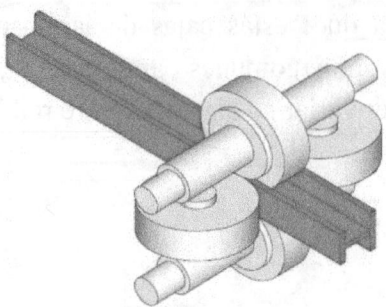

5. <u>Cajas de laminación múltiples</u>: el par ejercido por el motor es transmitido por multitud de rodillos intermedios hacia los rodillos de trabajo, que son de pequeño diámetro para reducir los esfuerzos sobre el rodillo.

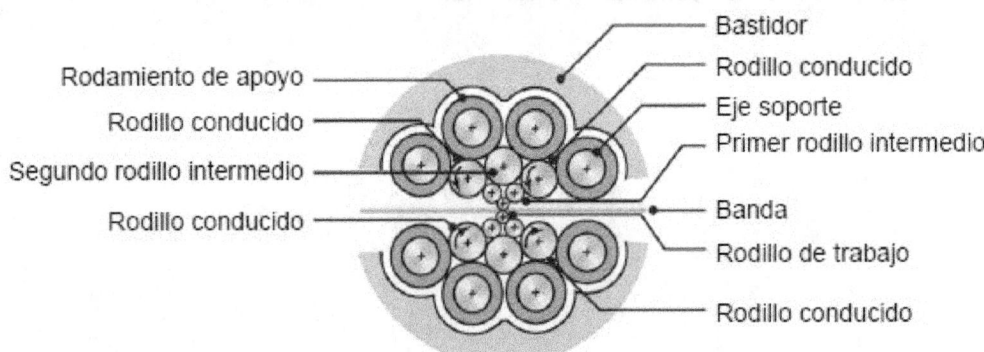

5.9 Asociación de cajas de laminación: trenes de laminación

Cuando se asocian varias cajas de laminación en serie, se denomina al conjunto como tren de laminación. En cada caja se llevará a cabo una reducción del espesor, obteniendo el producto deseado al final del tren de laminación.

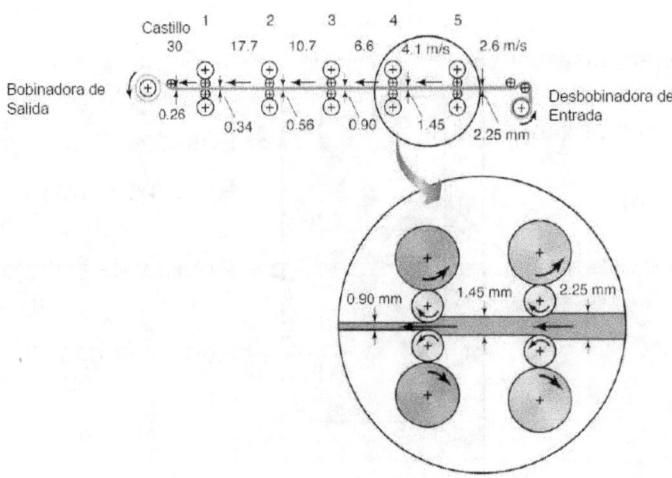

CAPÍTULO 6: Forjado

El forjado es un proceso básico en el que la pieza de trabajo se conforma aplicándole fuerzas de compresión a través de diversas herramientas. Como una de las operaciones metalúrgicas más antiguas e importantes, que se remonta al menos hasta el año 4000 a.C., el forjado se utilizó primero para hacer joyas, monedas y diversos implementos mediante el martillado de metal con herramientas hechas de piedra. En la actualidad, las piezas forjadas incluyen grandes rotores para turbinas, engranajes, herramientas manuales y, entre otras muchas, piezas para el transporte.

A diferencia de las operaciones de laminado, descritas en el anterior capítulo, que generalmente producen placas continuas, láminas y tiras de diferentes secciones transversales estructurales, las operaciones de forjado producen piezas discretas. Asimismo, la forja permite obtener piezas casi finales, por lo que serían necesarios en algunos casos procesos de acabado.

6.1   Consideraciones del proceso de forjado

Dentro de los muchos procesos que componen la fabricación con forjado, debemos tener en cuenta una relación entre la pieza de trabajo y las matrices: el rozamiento.

Cuando estamos forjando una pieza, el material en contacto con la matriz no se comporta de igual modo que el resto. Debido a los cambios de temperatura que sufre el material por el contacto de la estampa, se reduce la ductibilidad en esa zona provocando deformaciones distintas en la pieza de trabajo. Lo mismo ocurre si consideramos las fuerzas de rozamiento entre la matriz y el material.

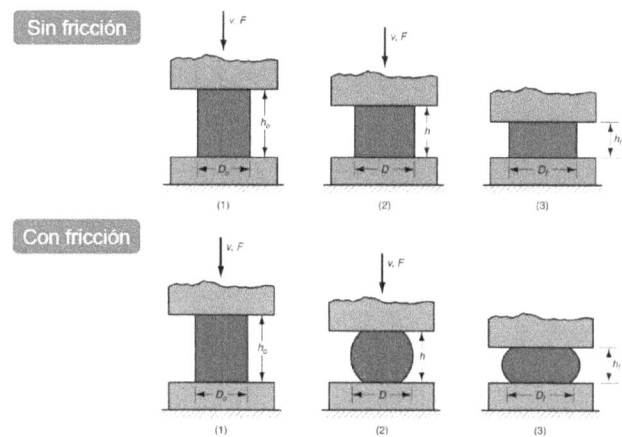

Como vemos, las fuerzas de fricción producen un abarrilamiento de la pieza de trabajo. Esto puede corregirse con una buena elección de lubricante para el proceso, que permita reducir ese rozamiento entra el material y la matriz. O bien con el precalentamiento de las matrices o la colocación de un aislante térmico entre la matriz y la pieza de trabajo, de forma que se evite esa transferencia energética.

6.2 Tipos de forjado

A continuación nos disponemos a estudiar los distintos tipos de forjado, en los cuales veremos las principales características de cada uno de ellos.

1. <u>Forja en matriz abierta:</u> el forjado en matriz abierta es la operación de forja más simple. Este proceso puede describirse de forma simple como una pieza metálica, por ejemplo un tocho, colocada entre dos matrices planas, cuya altura se reduce por compresión.

   La característica fundamental de la forja en matriz abierta es la inexistencia de contacto entre las dos matrices al final del proceso.

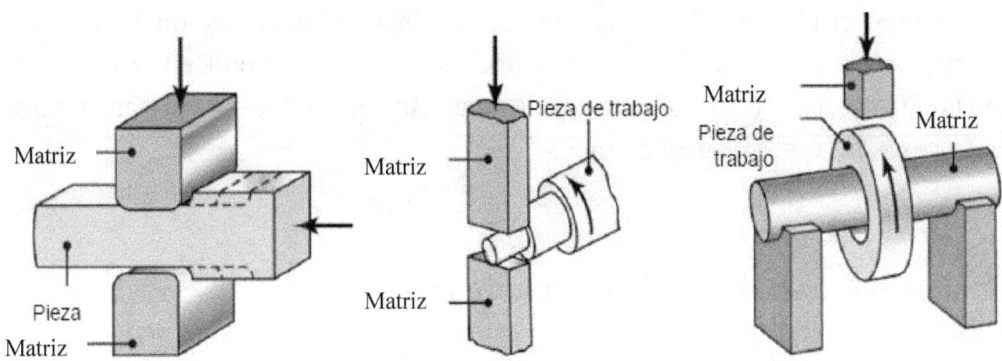

2. <u>Forja en matriz cerrada:</u> en el forjado en matriz cerrada, la pieza de trabajo toma la forma de la cavidad entre las matrices, que en este caso pasan a llamarse *estampas*. Por lo general, este proceso se realiza a temperaturas elevadas con el fin de reducir las fuerzas de forjado.

   En todo proceso de forjado en matriz cerrada se formará una rebaba. Esta tiene un papel importante: la alta presión y alta resistencia a la fricción que resultan en la rebaba presentan una restricción severa sobre cualquier flujo de material hacia fuera de las estampas. Por lo tanto, con base en el principio de que, en la deformación plástica, el material fluye en la dirección de menor resistencia (porque requiere menos energía), el material fluye preferentemente hacia la cavidad entre las estampas hasta llenarlo por completo.

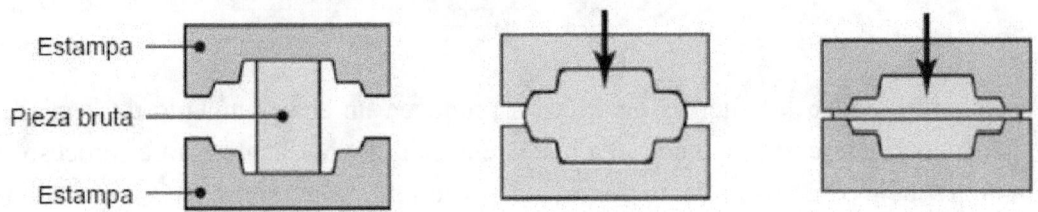

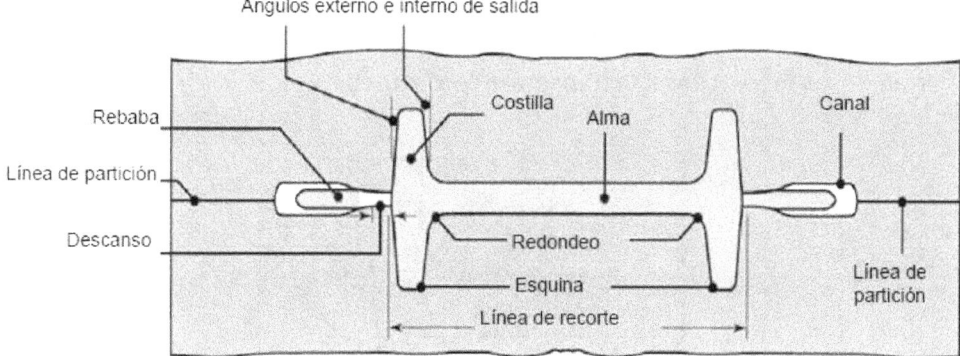

En la imagen superior podemos observar todos los elementos constituyentes de un proceso de forjado con matriz cerrada. Vamos a destacar los ángulos de salida y redondeos, que permiten una extracción de la pieza más cómoda; y la línea de partición, cuya colocación dependerá también de la facilidad de extracción.

3. <u>Forjado de precisión</u>: con el fin de reducir el número de operaciones de acabado adicionales (y por tanto el costo), continúa la tendencia hacia el logro de una mayor precisión en los productos forjados. Los productos forjados con precisión típicos son engranes, bielas y álabes para turbina. El forjado de precisión requiere (a) estampas especiales y más complejas, (b) un control preciso del volumen y de la forma del material en bruto y (c) la colocación exacta de la pieza en bruto entre las estampas. En la siguiente imagen se ilustra la diferencia entre un proceso de forja con matriz cerrada y un proceso de forjado de precisión.

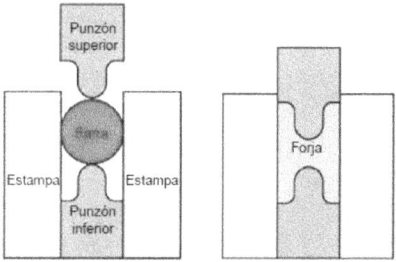

Forjado de precisión

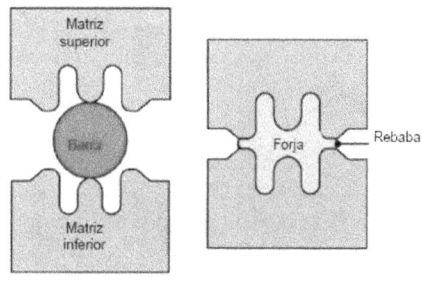

Forja con matriz cerrada

4. <u>Forja en matriz cerrada con insertos:</u> en este proceso, debido a la complejidad de la pieza y del coste que supondría la fabricación de unas estampas únicas con la forma deseada, se introducen insertos en el alma.

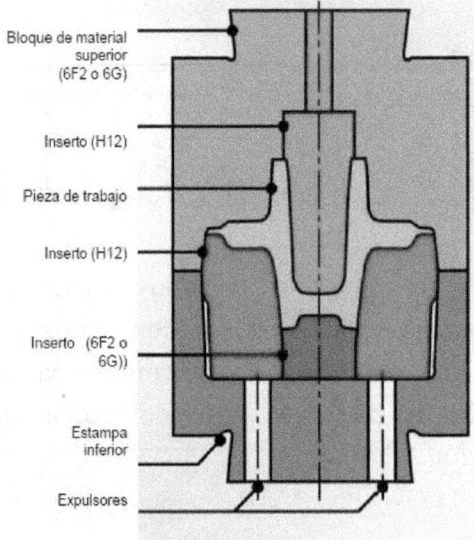

5. <u>Acuñado:</u> el acuñado es un proceso de forjado en matriz cerrada. Se uso más común y difundido es en la fabricación de monedas o en la producción de grabados sobre discos lisos (cospeles). La pieza en bruto se acuña en la cavidad de una estampa totalmente cerrada con el fin de producir detalles finos, como en las monedas; las presiones requeridas pueden ser tan altas como cinco o seis veces la resistencia del material. En este proceso no se emplean lubricantes con tal de que el detalle sea máximo.

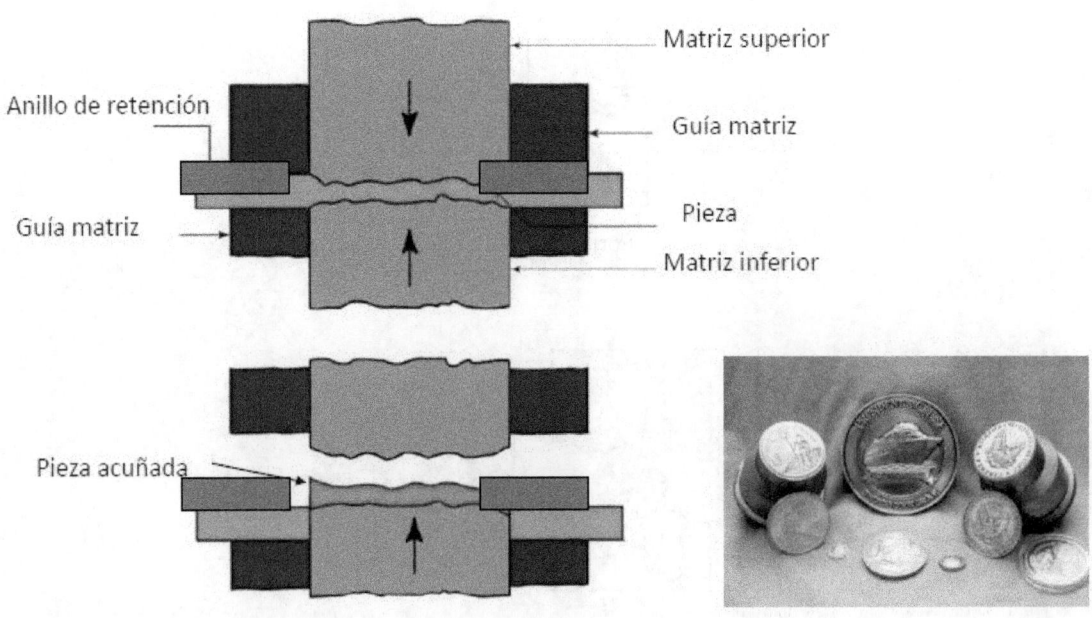

6. Cabeceado, *Heading* o Forja por recalcado: este proceso, en esencia, tiene como objetivo el aumento de la sección al final de una barra o un alambrón. Los productos típicos son clavos, tornillos, pernos y otros diversos sujetadores. En este proceso hay que tener en cuente el fenómeno de pandeo de la barra, para decidir la longitud de barra en voladizo antes del forjado.

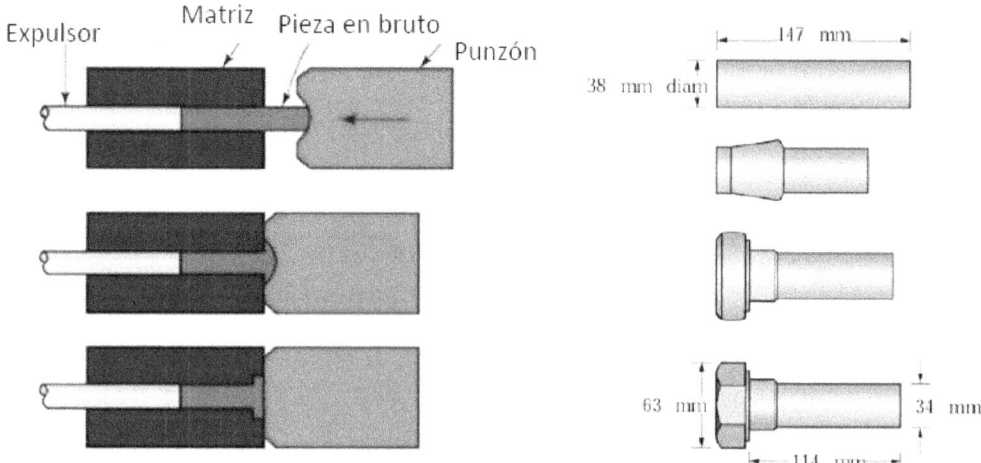

7. Forja rotativa: en este proceso, una barra sólida o tubo se somete a fuerzas de impacto radiales utilizando un conjunto de matrices con movimiento alterno. Las matrices se activan por medio de un conjunto de rodillos colocados dentro de una caja. La pieza de trabajo se encuentra estática y las matrices giran golpeando la pieza de trabajo a tasas de hasta 20 golpes por segundo.

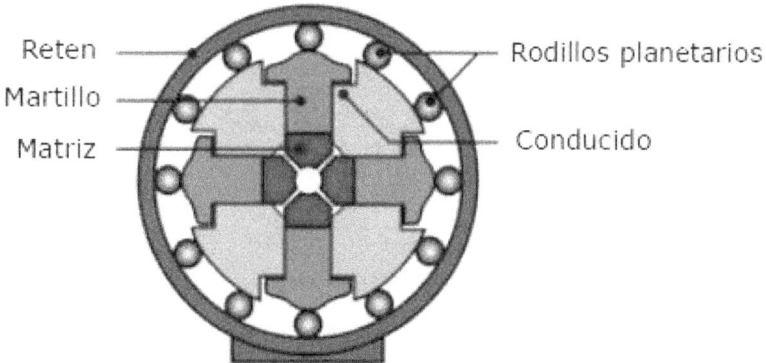

Dentro de la pieza de trabajo, además, pueden colocarse mandriles para determinar cierto diámetro interior. También pueden colocarse cuñas entre los martillos y las matrices con el objetivo de que la deformación no sea perpendicular al plano de acción de la matriz.

6.3   Etapas en un proceso de forja

A continuación vamos a enumerar las etapas que comprende un proceso de forja en matriz cerrada con rebabas. Para ello, debemos hablar antes del proceso de *recalcado*.

Las *operaciones de preformado* se utilizan normalmente para mejorar la distribución del material en diferentes regiones de la pieza original usando matrices simples de varios contornos. En el preformado con matriz cóncava, por ejemplo, el material se distribuye lejos de cierta región de la matriz. En el preformado con matriz convexa, el material se junta en una región determinada. Es esta agrupación de material la que se conoce como recalcado.

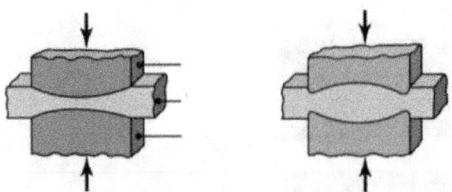

Las etapas, siguiendo un orden temporal, serían:

1. Pieza en bruto, generalmente una barra.
2. Recalcado.
3. Aproximación o bloqueo.
4. Acabado.
5. Recorte.

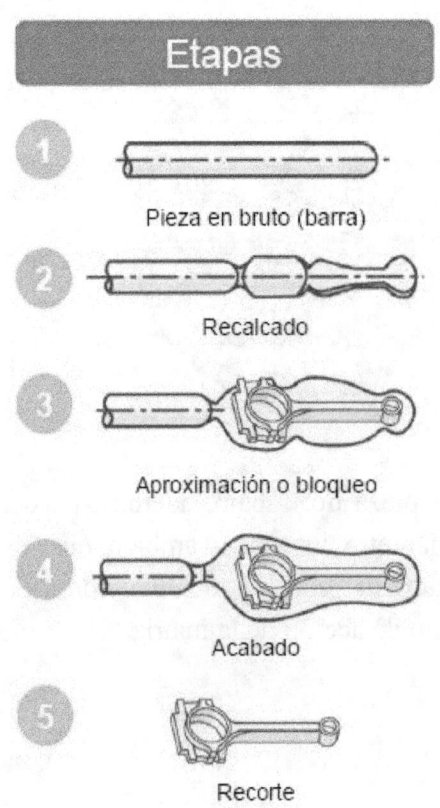

En el proceso de recorte, lo que se hace realmente es eliminar las rebabas producidas en el proceso de forja. Las rebabas exteriores pueden eliminarse con procesos como el de troquelado, y las rebabas interiores con la ayuda de un punzón. Se representan tales procesos en la siguiente figura.

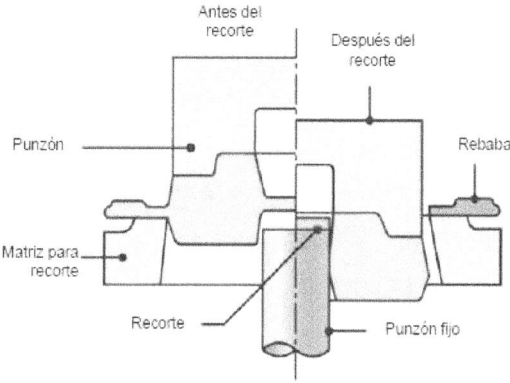

6.4 Defectos en la forja

La *forjabilidad* suele definirse como la capacidad que tiene un material de experimentar una deformación por forjado sin agrietarse. Debido a las altas presiones en los diferentes procesos de forja, el material puede presentar grietas en su superficie.

Además del agrietamiento de la superficie, existen otros defectos que pueden desarrollarse durante el forjado a consecuencia del patrón de flujo de los materiales contenidos entre las estampas. Por ejemplo, si no hay un volumen suficiente de material para llenar completamente la cavidad, el alma puede pandearse durante la forja y desarrollar pliegues. Por el contrario, si el alma es demasiado gruesa, el exceso de material fluirá más allá de las piezas forjadas y se desarrollarán grietas internas.

Los diversos radios presentes en la cavidad pueden influir significativamente en la formación de estos defectos.

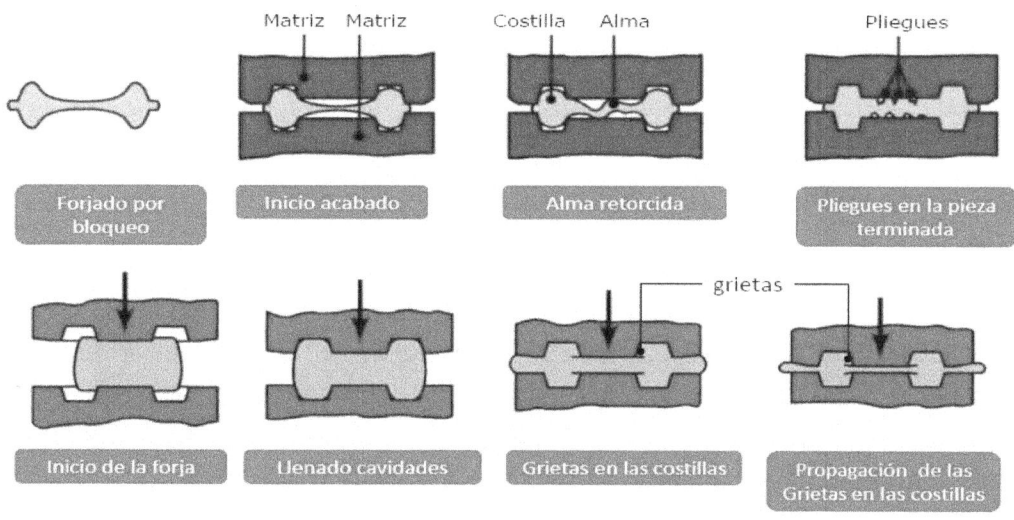

6.5   Matrices para forja. Diseño

El diseño de matrices para el forjado requiere consideraciones de (a) la forma y complejidad de la pieza de trabajo, (b) su forjabilidad, (c) resistencia a los impactos de las matrices, (d) temperatura, entre otras muchas. La regla más importante en el diseño de matrices es el hecho de que la pieza fluirá en la dirección de menor resistencia. Deben considerarse formas intermedias de las piezas de trabajo de modo que las cavidades se llenen correctamente y sin defectos. Un resumen de variables presentes en el diseño de matrices puede ser el siguiente:

Reglas de diseño

1. El material fluye hacia donde hay menos resistencia
2. El material no debe fluir con facilidad hacia la rebaba
3. Minimizar el deslizamiento excesivo en la interfaz pieza-matriz
4. La línea de partición se encuentra en la mayor sección transversal
5. La holgura de la rebaba debe ser 3% del espesor máximo de forja
6. Son necesarios ángulos de salida para facilitar la extracción
7. Los radios y chaflanes deben ser suaves para garantizar el flujo

Materiales

1. Resistencia y tenacidad a temp. elevadas.
2. Templabilidad y capacidad de endurecimiento uniforme.
3. Resistencia al impacto mecánico y térmico.
4. Resistencia al desgaste

Acero para herramientas y matrices

Lubricación

1. Afecta a las fuerzas requeridas y al flujo del material.
2. Barrera térmica entre la pieza de trabajo caliente y las matrices relativamente frías.
3. Agente separador, evita que la pieza forjada se adhiera a las matrices y ayuda a extraerla de la matriz.

6.6   Prensas para forja. Tipos

La maquinaria necesaria en los procesos de forjado recibe el nombre de prensa de forjado. Existen diversos tipos de prensas disponibles y con una amplia gama de capacidades (tonelaje), velocidades y características de rapidez de carrera.

1. Prensas mecánicas: básicamente, estas prensas son cualesquiera del tipo *biela-manivela* o *articulada*. Estas prensas tienen la carrera o desplazamiento limitado y ejercen la máxima fuerza al final del recorrido de la maza. Es en la mitad de carrera cuando adquieren una mayor velocidad y al final cuando adquieren el momento de máxima energía. Ténganse como referencia las ecuaciones de un movimiento armónico simple.

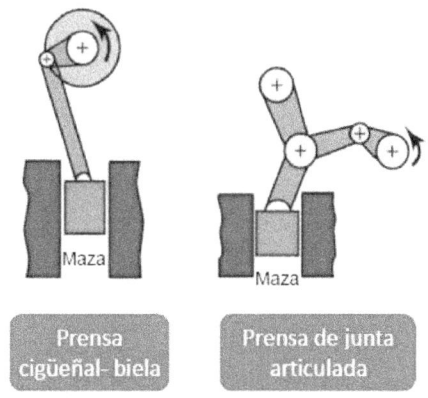

Prensa
cigüeñal- biela

Prensa de junta
articulada

2. Prensas de tornillo: conocidas también como prensas de husillo. Estas prensas obtienen su energía a partir de un volante de inercia. La carga de forjado se transmite a través de un tornillo vertical y el martinete se detiene al disiparse la energía del volante. Están precisamente limitadas por la baja energía de la que disponen. Posee dos volantes, cada uno transmite energía en sentido opuesto (el tornillo sube y baja).

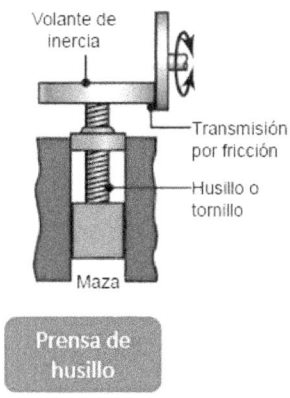

Prensa de
husillo

3. Prensas hidráulicas: estas prensas funcionan a velocidades constantes y son de carga limitada, donde la prensa se detiene si la carga requerida es superior a su capacidad. Es posible transmitir grandes cantidades de energía desde la prensa a la pieza de trabajo mediante una carga constante en toda la carrera, cuya velocidad se puede controlar.

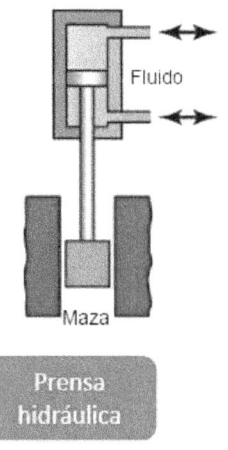

Prensa
hidráulica

6.7   Economía del proceso

El proceso de forja viene explicado de forma gráfica con la siguiente gráfica.

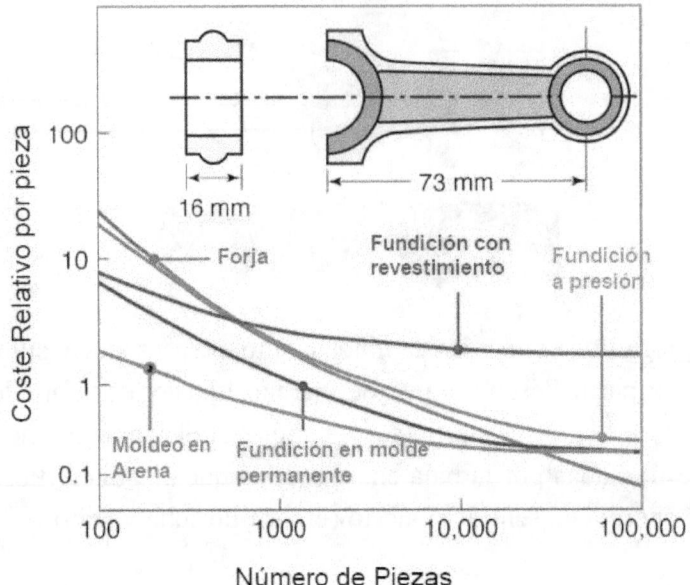

Como podemos observar, el proceso de forja adquiere una ventaja competitiva para grandes volúmenes de producción en relación como otros procesos que permiten obtener productos casi finales. Cabe destacar también, que el proceso de forja, con respecto a los procesos de fundición que se muestran en la gráfica, permite obtener propiedades mecánicas en las piezas mucho mejores.

6.8   Fuerza requerida para la forja abierta

Para finalizar este capítulo se realiza un análisis de la fuerza requerida en un proceso de forja abierta.

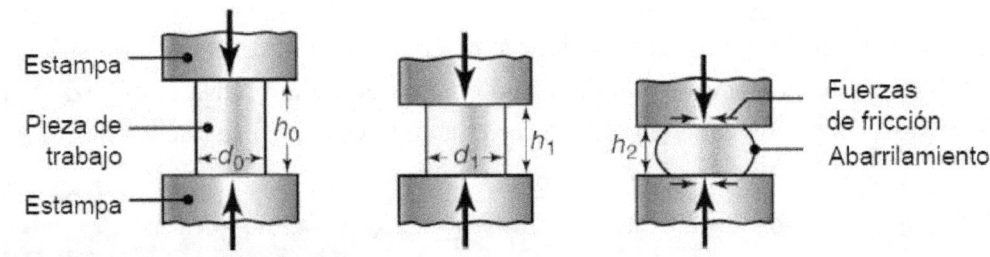

Forja de una pieza cilíndrica

$$P = S \cdot \pi \cdot r^2 \cdot \left(1 + \frac{2 \cdot \mu \cdot r}{3 \cdot h}\right)$$

$S \rightarrow$ esfuerzo de flujo de material (tensión de fluencia para una deformación real determinada)

$r \rightarrow$ radio de la sección circular de la pieza

$h \rightarrow$ altura de la pieza o distancia entre estampas

Forja de una pieza prismática

$$P \cong S \cdot b \cdot w \cdot \left(1 + \frac{\mu \cdot b}{2 \cdot h}\right)$$

$b \rightarrow$ ancho de la zona de contacto entre estampa y material

$w \rightarrow$ longitud de la pieza

CAPÍTULO 7: Extrusión y estirado

En este capítulo vamos a estudiar dos procesos cuyo fundamento es el mismo, pero que se realizan de forma distinta. Hablamos de la extrusión y del estirado. Ambos logran una deformación plástica del material de trabajo a través de una matriz, distinguiéndose en el lugar de aplicación de la fuerza para dar movimiento al material. En ambos procesos se emplea cierta lubricación en las matrices, para favorecer el movimiento.

7.1 Extrusión: Proceso

En la extrusión, la fuerza del proceso es aplicada sobre la preforma, es decir, antes de la entrada del material a la matriz. Una característica es que puede dar lugar a grandes deformaciones sin que se presente fractura del material a la salida de la matriz, ya que el material se somete a altos esfuerzos de compresión triaxiales. Por lo general, los productos extruidos tienen una sección transversal constante. Comúnmente, los metales extruidos son el aluminio, magnesio o acero; dadas sus propiedades mecánicas. Estos metales suelen ser extruidos en forma de palanquilla o billet, previo aporte de calor para mejorar su ductibilidad.

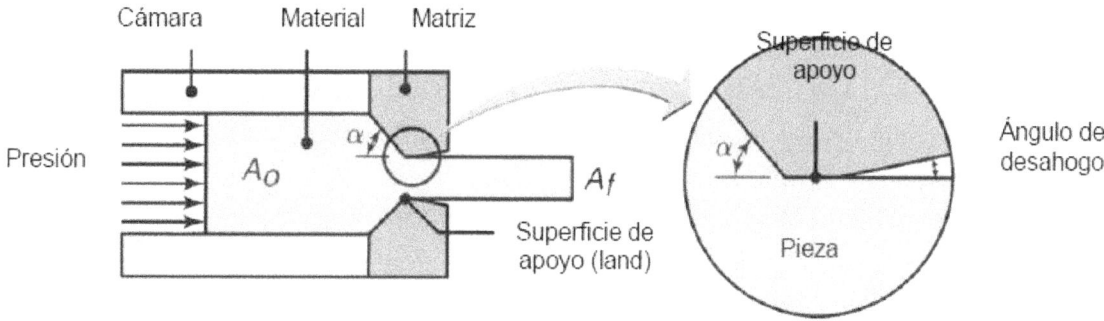

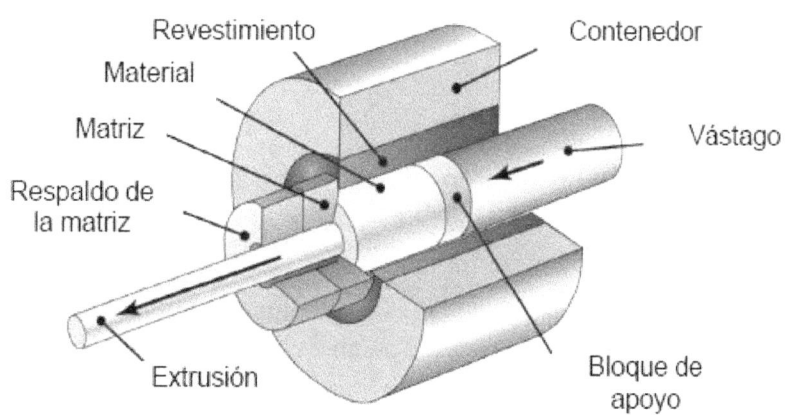

Los procesos de extrusión, asimismo, se caracterizan unos de otros por una constante de extrusión *k*, que depende del material y la temperatura, y nos da una estimación de la fuerza necesaria para que dicho material pueda ser extruido. Dependiendo de la magnitud de esta constante, podemos inferir cómo va a ser el flujo de metal en la entrada de la matriz. Cuanto más extruible sea un material, más zona muerta se originará antes de la zona de deformación. Estas zonas muertas, en donde el metal queda en reposo, ayudan a realizar la deformación plástica de la palanquilla reduciendo la fuerza necesaria en el conjunto del proceso. Esto es lo que se conoce como *defecto de tubo* o *de extrusión*.

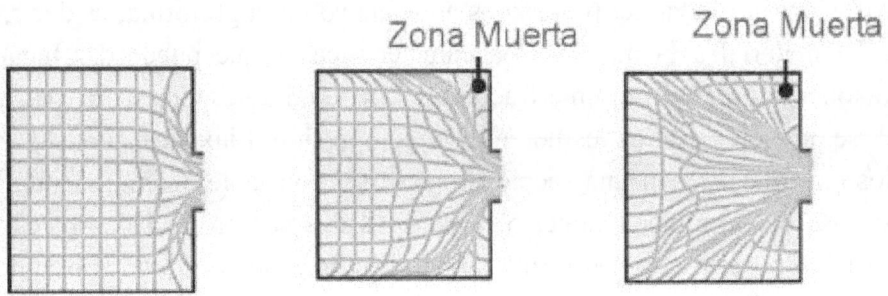

A la hora de planificar el proceso en planta, deben tenerse en cuenta multitud de parámetros, entre los que destacamos:

1. <u>Superficie de apoyo</u>: pueden controlarse las tolerancias y el acabado superficial del producto extruido.

2. <u>Área de entrada y de salida de la sección</u>: definen la fuerza necesaria a aplicar para producir la deformación en la matriz. A la relación entre el área inicial y el área final A_o/A_f se la conoce por relación de extrusión.

3. <u>Ángulo de salida</u>: de forma que la palanquilla tenga una salida limpia de la matriz.

4. <u>Fuerza de extrusión</u>.

Cabe destacar que en los procesos de extrusión, la complejidad de las formas de las secciones transversales que se pueden obtener es mucho mayor con respecto a productos obtenidos por estirado. Asimismo, tanto en extrusión como en estirado, las fuerzas que se ejercen para deformar la pieza de trabajo no coinciden ni en dirección ni en magnitud con las aplicadas para poder llevar a cabo el proceso.

7.2 Extrusión: Tipos

Existen diversos tipos o formas de extruir un material. Destacamos las siguientes:

1. <u>Extrusión directa</u>: la salida del material tiene la misma dirección y sentido que la fuerza aplicada sobre la preforma. Hay que vencer la fricción entre el material y la matriz y el material y el revestimiento interior del contenedor.

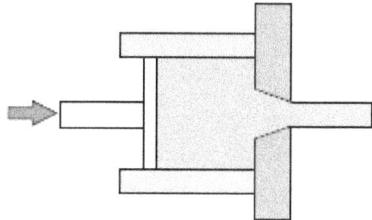

2. <u>Extrusión indirecta</u>: la salida del material tiene la misma dirección y sentido opuesto al de la fuerza aplicada en el proceso. En este caso, tanto el vástago como el bloque de apoyo tienen practicados agujeros por donde el material fluirá. Dependiendo de dónde se sitúen estos agujeros distinguimos la extrusión indirecta periférica o la extrusión indirecta central. Como ventaja a la extrusión directa, destacamos que no hay que vencer fuerzas de fricción con el contenedor, debido a que no existen.

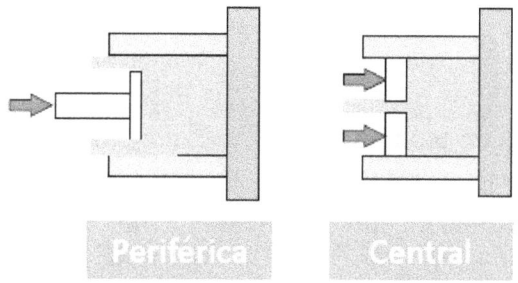

3. <u>Extrusión hidrostática</u>: la palanquilla es más pequeña en diámetro que el cilindro (el cual se llena con un fluido) y se transmite presión al fluido mediante un émbolo. La presión del fluido imparte esfuerzos de compresión triaxial que actúan sobre la pieza de trabajo, al mismo tiempo que se empuja a la pieza contra la matriz. Esto reduce considerablemente la fuerza necesaria para el proceso, en comparación con la extrusión directa.

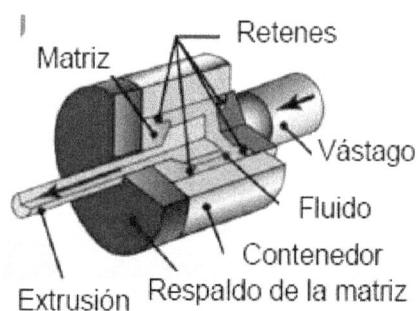

41

4. <u>Extrusión lateral</u>: la salida del material tiene una dirección perpendicular con respecto a la de la fuerza aplicada.

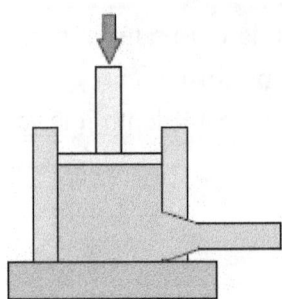

5. <u>Extrusión en frío</u>: la *extrusión en frío* es un término general que a menudo denota una combinación de operaciones, tal como una combinación de extrusión y forjado.

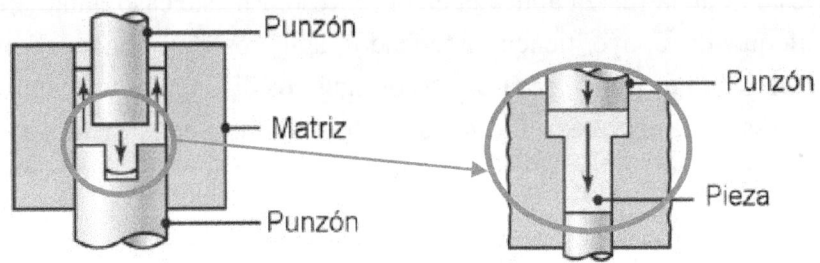

Además, es un proceso que se realiza a temperatura ambiente o con bajo aporte de calor. Esto indica que no todos los metales extruibles son idóneos en procesos de extrusión en frío. Presenta ciertas ventajas con respecto a los procesos de extrusión en caliente, como unas propiedades mecánicas mejoradas o un buen control de las tolerancias dada la poca o inexistente dilatación térmica.

6. <u>Extrusión por impacto</u>: es similar a la extrusión indirecta y, a menudo, el proceso se incluye en la categoría de extrusión en frío. El punzón desciende rápidamente sobre la pieza en bruto, la cual se extruye en sentido contrario. El grosor de la sección tubular extruida depende de la holgura que hay entre el punzón y la cavidad de la matriz.

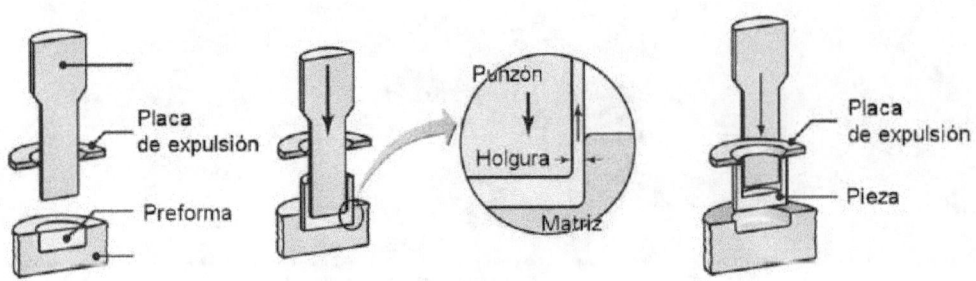

7.3   Extrusión: Equipos

En este apartado vamos a hablar del equipo necesario para este proceso, en particular de su componente más importante: la matriz.

El diseño de matrices requiere una experiencia considerable. Las matrices rectas, llamadas también *matrices de corte*, se utilizan en la extrusión de metales no ferrosos, en especial el aluminio. Estas matrices desarrollan zonas muertas de metal que, a su vez, forman un "ángulo de matriz" a lo largo del cual fluye el material. Para materiales ferrosos, dada su mayor constante de extrusión, y por ello su mayor dificultad para originar esa zona muerta que actúe de matriz, se emplean matrices con ángulos predeterminados (generalmente unos 60°). Hay que recordar que cuanto más compleja sea una matriz, más se encarece el proceso.

Visto esto, podemos enumerar los principales tipos de matrices de extrusión:

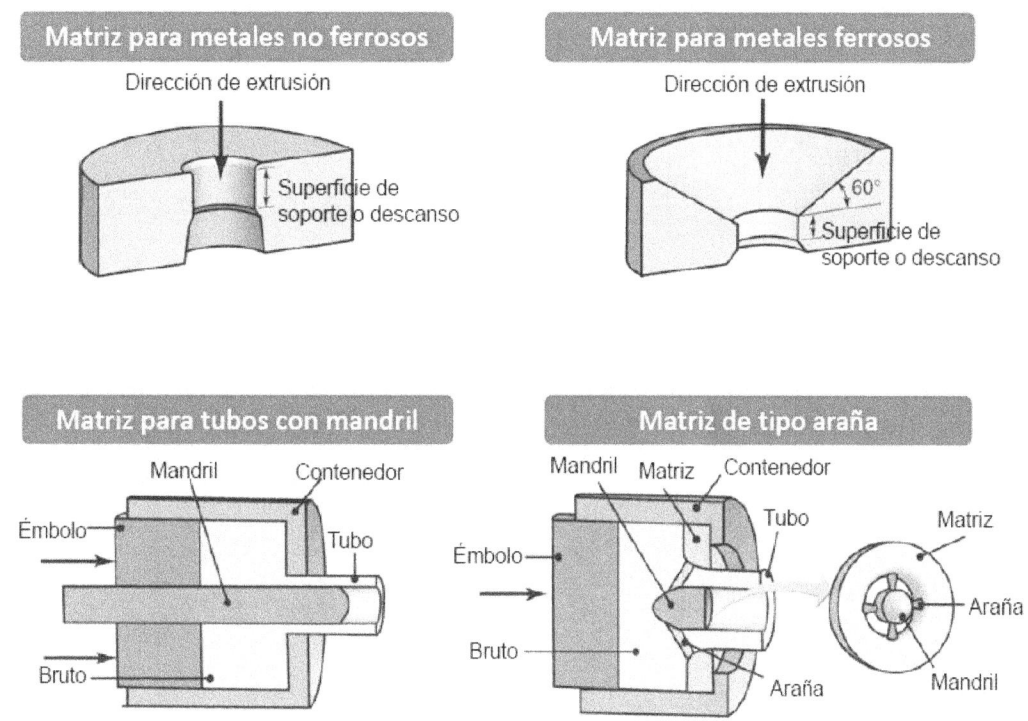

Cabe destacar únicamente que en las matrices de tipo araña, el metal fluye generando bandas, que se vuelven a juntar aguas abajo debido a la presión del proceso. Esto origina un tubo sin soldaduras, como puede inferirse de la imagen superior.

7.4 Estirado: Proceso

En el estirado, la fuerza del proceso es aplicada sobre el producto final, es decir, después de la salida del material de la matriz. En este caso, y al contrario que en la extrusión, el material sí que puede llegar a fracturarse por las fuerzas de tracción ejercidas a la salida de la matriz. Este factor ha de tenerse en cuenta a la hora de implantar este proceso, siendo una gran limitación. Por lo general, los productos estirados tienen una sección transversal constante y carecen de una amplia gama de formas para las secciones transversales como podíamos tener con la extrusión. Asimismo, la reducción de área también es menor.

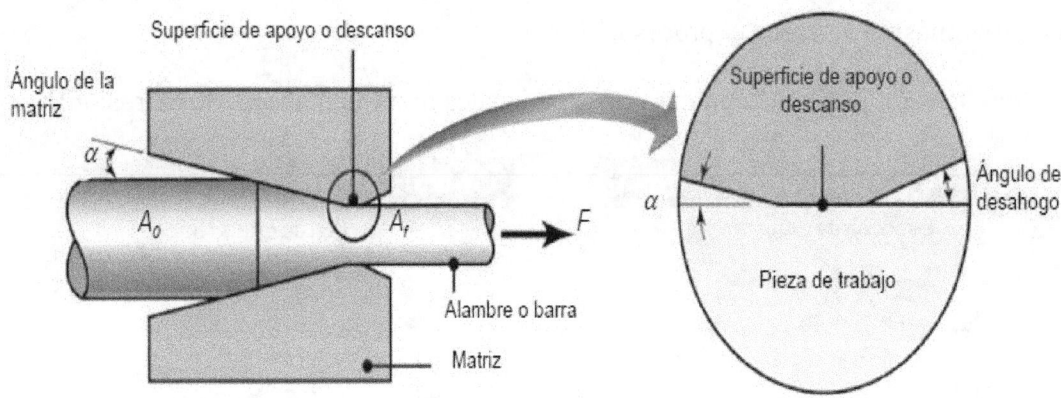

Lo más habitual es que este proceso sea empleado en la obtención de alambre o varilla a partir de alambrón, pudiendo emplear este alambre en procesos de *trefilado* posteriores. También se emplea para el cambio de diámetros de perfiles tubulares.

Para poder tirar del material a la salida de la matriz, debemos hacer que la pieza de trabajo pase a través de esta. Esto supone un proceso previo de *afilado*, que nos permite la sujeción al tren de estirado.

7.5 Estirado: Tipos de estirado de perfiles tubulares

Dentro del estirado de perfiles circulares o tubulares, destacamos este último. Distinguimos:

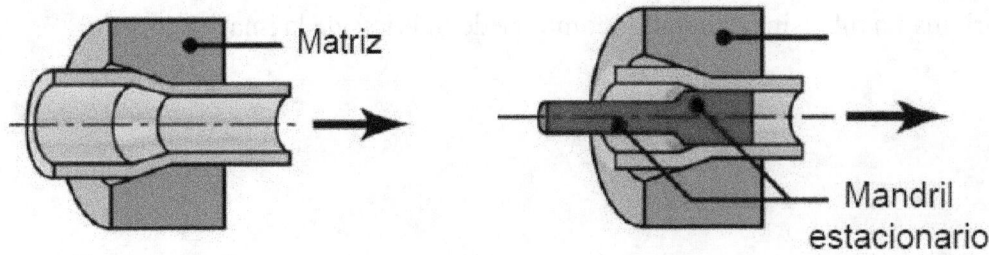

44

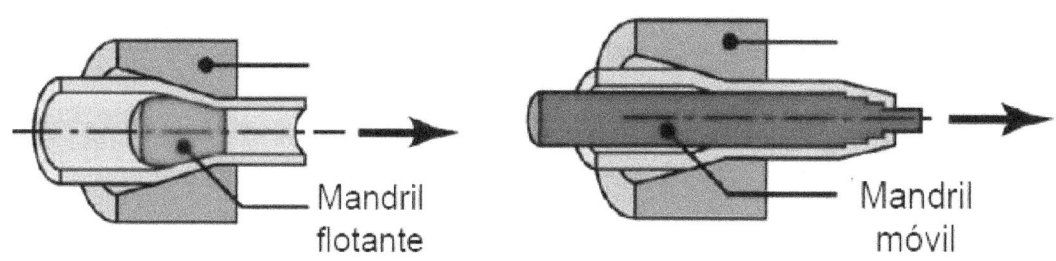

Mandril
flotante

Mandril
móvil

En el último caso, estirado de perfil tubular con mandril móvil, el tren de estirado tira tanto del material como del mandril, provocando la deformación plástica en la matriz.

7.6   Estirado: Equipos

De entre todo el equipo necesario para el proceso destacamos la matriz de estirado y el banco de estirado:

1. <u>Matriz de estirado</u>: en ella se produce la deformación plástica del material. Destacamos la existencia de una *campana*, la cual facilita la lubricación de las paredes interiores de la matriz durante el proceso.

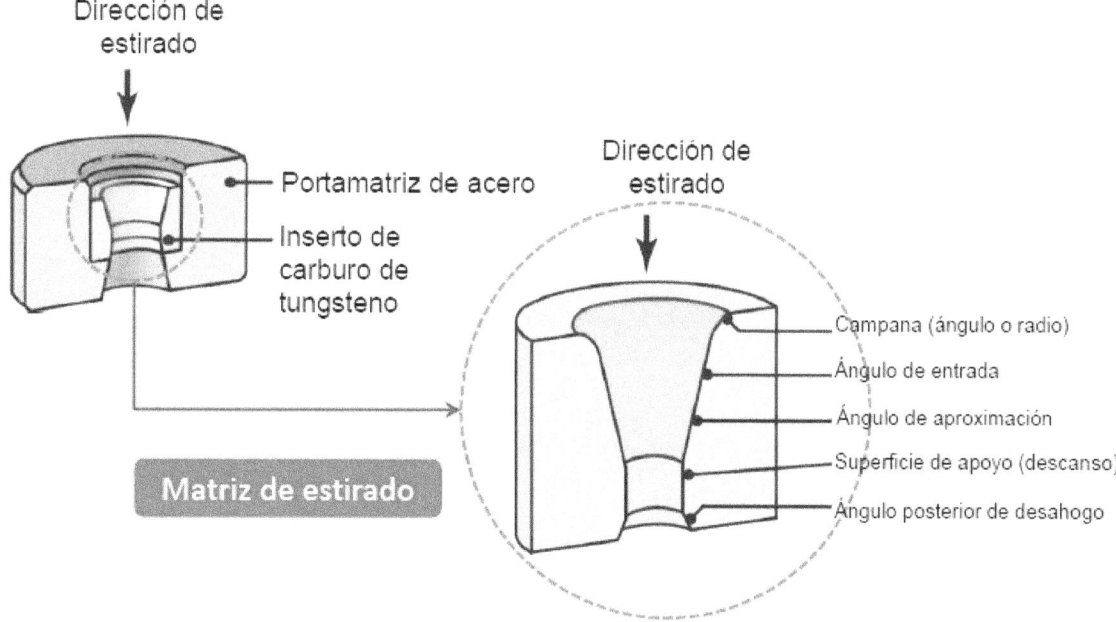

2. <u>Banco de estirado</u>: un banco contiene una sola matriz de estirado y su diseño es similar al de una larga máquina de pruebas a tensión horizontal. La fuerza de tensión es suministrada por una transmisión de cadena o un cilindro hidráulico.

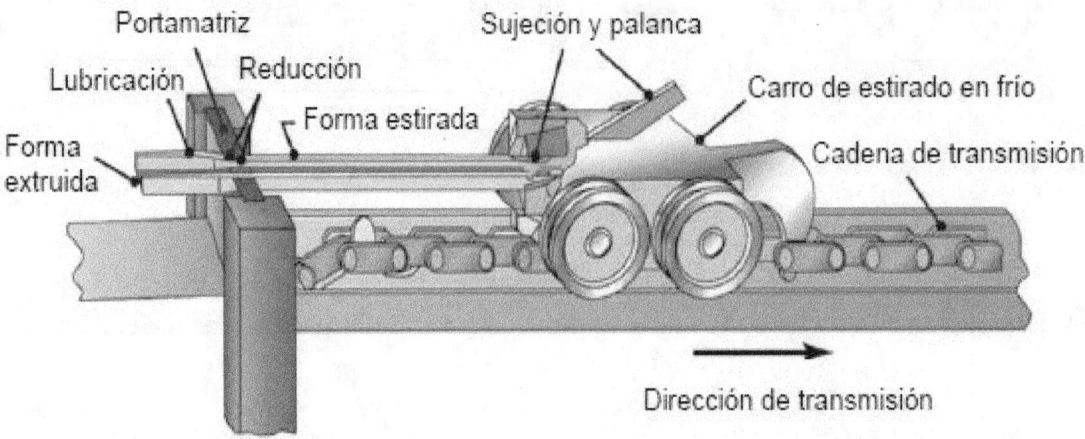

7.7   Estirado: Trefilado

El principio del trefilado es el mismo que el de estirado, solo que pasa a denominarse bajo este nombre cuando trabajamos con un rango de pequeños diámetros, por lo general, menores de 13 milímetros. En este caso, no se emplean bancos de estirado, sino hileras de trefilado.

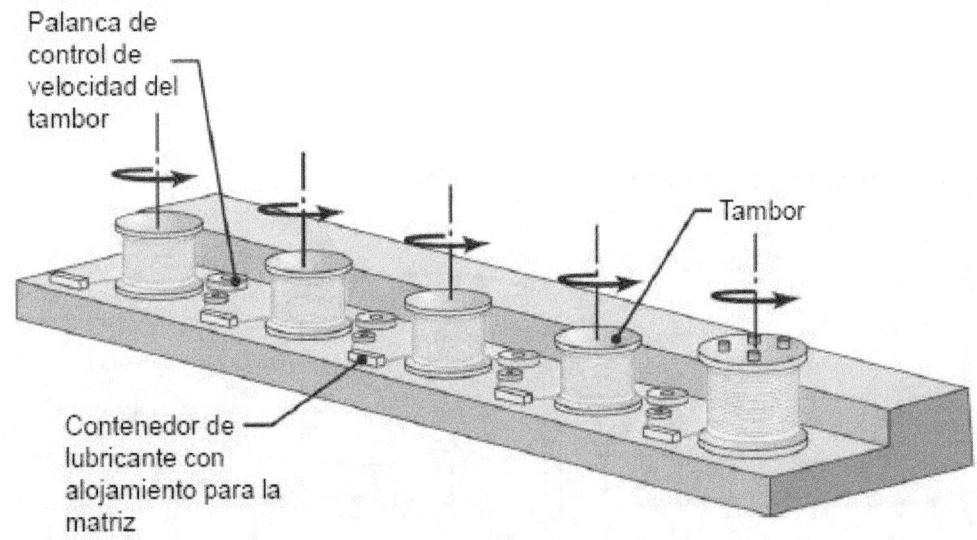

CAPÍTULO 8: Plegado y otros procesos de conformado de la chapa

Productos hechos de lámina metálica están en todo nuestro derredor. Incluyen una amplia gama de productos industriales y de consumo, como latas de bebida, utensilios de cocina, escritorios de metal, electrodomésticos, carrocerías de automóviles y fuselajes de avión. Tal como se describe en este capítulo, existen numerosos procesos empleados para la fabricación y conformado de piezas de lámina metálica. La mayoría de estos procesos se realiza a temperatura ambiente. Un esquema que resume los diferentes procesos de conformado de chapa metálica es el siguiente:

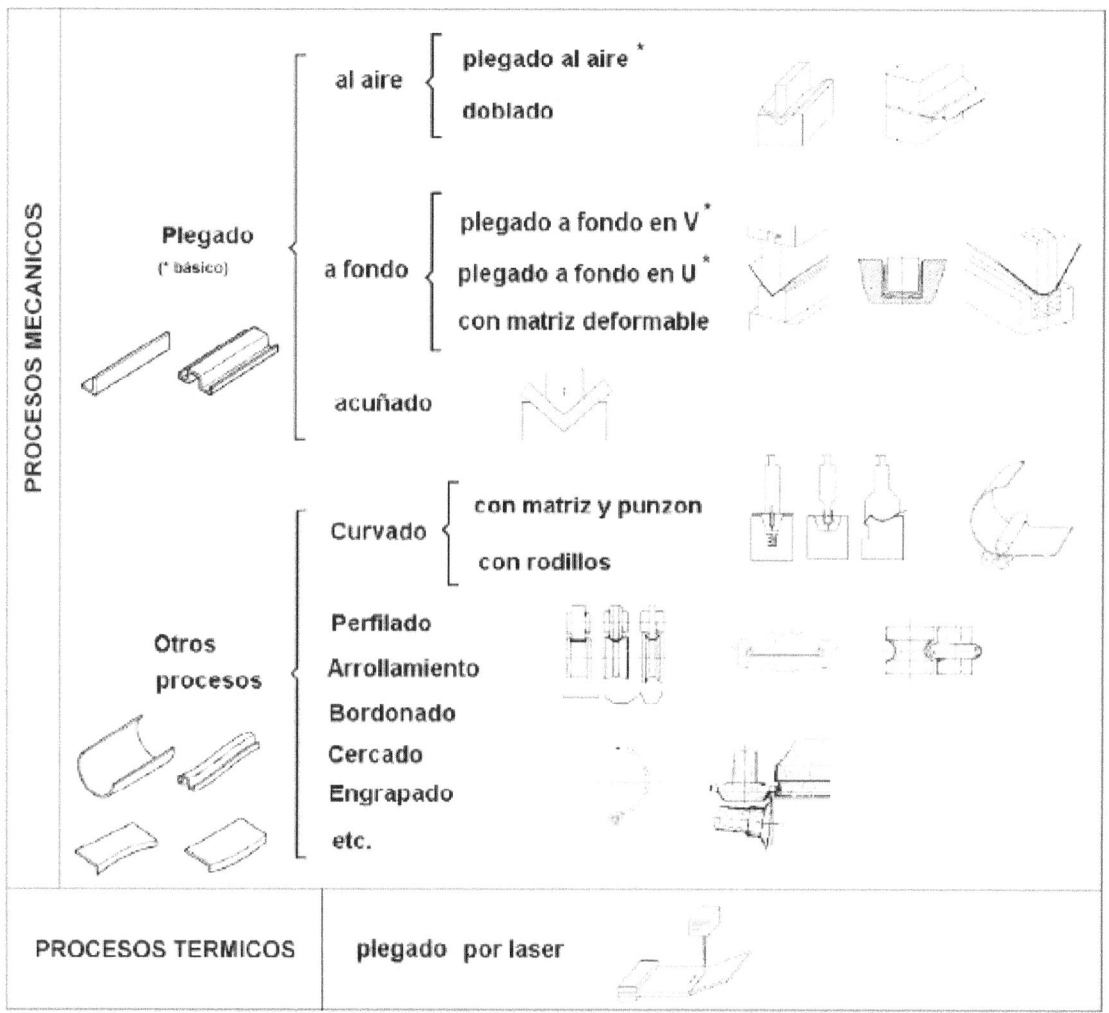

Lo que da cuenta de la importancia de este proceso, así como de la multitud de formas diferentes que existen para dar forma a una lámina metálica. Cabe destacar que se considera *chapa* a aquella lámina con un espesor inferior a 6mm.

8.1 Plegado de chapa

El plegado de chapa consiste en la deformación plástica que se realiza a una plancha metálica a lo largo de una línea. Existen diferentes tipos de plegado de chapa:

1. Plegado al aire: existen tres puntos de contacto (dos con la matriz y uno con el punzón). En este tipo de plegado, al final del recorrido del punzón, la chapa no está en contacto más que con estos tres puntos de contacto.

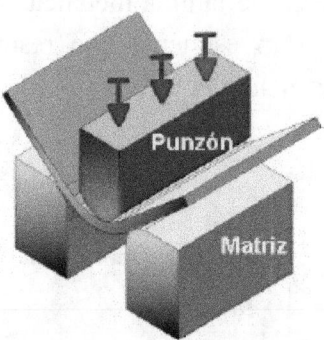

2. Plegado a fondo: al igual que en el plegado al aire, existen inicialmente tres puntos de contacto. Al final del recorrido del punzón, la chapa metálica entra en contacto total con las paredes laterales de la matriz.

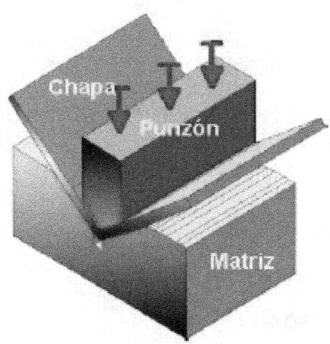

3. Doblado: en este proceso, la lámina permanece sujeta por un pisador por uno de sus extremos, y es un punzón el que a su avance produce la deformación de la chapa.

4. <u>Plegado con matriz deformable de poliuretano (PUR)</u>: la chapa permanece en una superficie horizontal y es la matriz, junto con la chapa, la que se deforma al avance del punzón, adoptando una forma aproximada a este.

Como podemos inferir, con el plegado al aire podemos obtener una mayor gama de ángulos que con el plegado a fondo, pues depende del recorrido del punzón. No obstante, el plegado a fondo es más preciso. Asimismo, la potencia requerida en el plegado a fondo es mayor.

8.2 Consideraciones en el plegado de chapa

A la hora de implementar este proceso, debemos tener en cuenta una serie de características de este proceso. Destacamos cuatro de ellas:

1. <u>Comportamiento de la chapa</u>: al deformar la chapa y producirse cierta recuperación elástica, existirán fibras que trabajan a tracción y otras a compresión. Al mismo tiempo, distinguimos una fibra que no varía su longitud (fibra neutra) y otra que no está sometida a esfuerzos (fibra sin tensión). Esto es de vital importancia para entender la siguiente consideración.

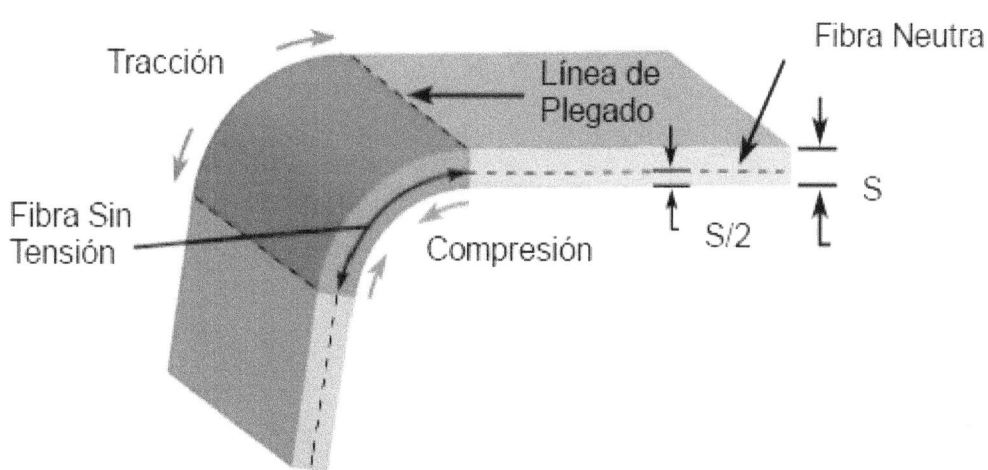

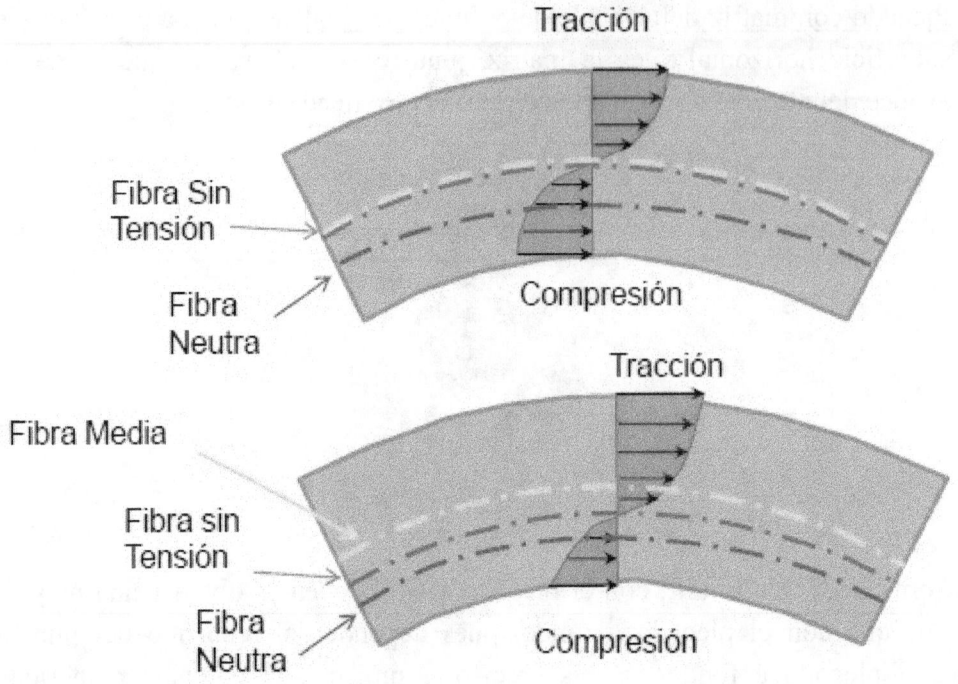

2. Recuperación elástica o _restitución_: entre las fibras que trabajan a compresión y a tracción, existirán algunas en las que no llegue a producirse la tensión suficiente como para llegar a la zona plástica de deformaciones. Esto genera una ligera recuperación del ángulo inicial de la chapa, de entre 2 a 4 grados. Para solucionarlo se recurre a un sobreplegado de la chapa.

Este fenómeno depende del espesor de chapa, del radio de curvatura r y del material. Se define por ello una constante de recuperación elástica K_r. Esta constante se define como la relación entre los ángulos interiores final e inicial.

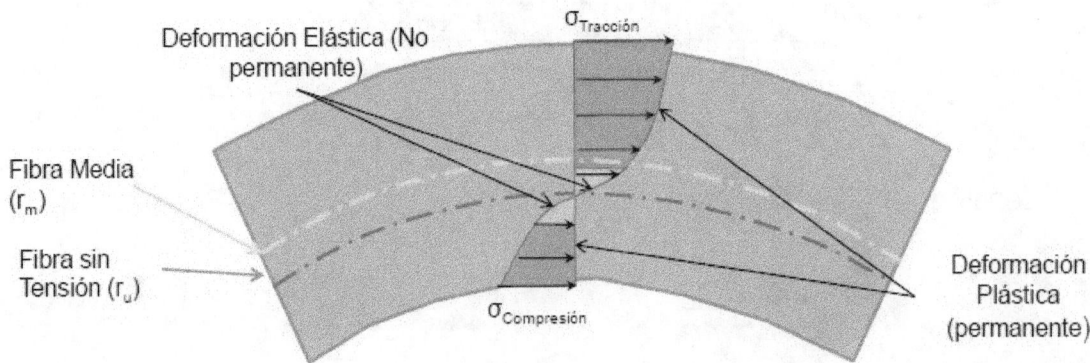

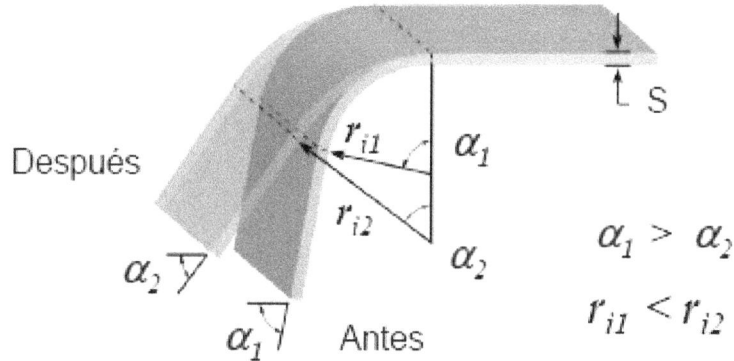

Donde $K_r = \alpha_1/\alpha_2$

Como variable geométrica cabe señalar que el ángulo de plegado se define como el ángulo externo entre el ángulo inicial y el final. Es decir, el representado en la siguiente figura por ß.

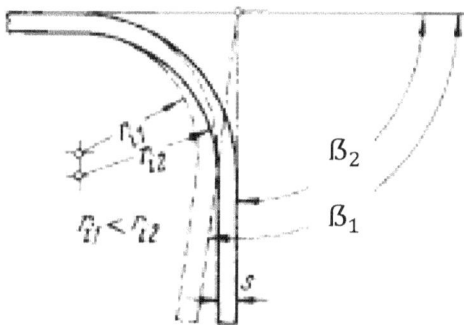

3. <u>Cálculo de esfuerzos</u>: para evitar la rotura o la aparición de grietas en la línea de doblado. Para ello existen unas tablas proporcionadas por el fabricante con unos valores aconsejables de trabajo para cada una de las chapas.

4. <u>Radios de plegado</u>: distinguimos dos radios significativos: el *radio mínimo de plegado*; si generamos en el interior de la curvatura de la chapa un radio menor a este, se producen grietas en la superficie de la curva exterior.

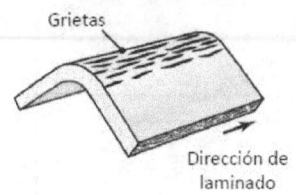

Y el *radio máximo de plegado*; que es el valor del radio por encima del cual la chapa recupera toda la deformación al no haberse alcanzado la región plástica.

8.3 Propiedades de las piezas plegadas

Las chapas plegadas presentan dos rasgos o propiedades que son inherentes a los procesos de plegado de chapa: el endurecimiento por deformación y la deformación en los bordes.

Al deformarse la chapa, esta se endurece en el sentido que necesitará más fuerza para volver a ser deformada. Por otro lado, se produce una deformación de los bordes, que hace variar el espesor de chapa y los radios de acuerdo. Esto puede dificultar el doblado de la chapa, por eso se suele practicar para grandes espesores un vaciado en la zona del radio interior de forma que la chapa pueda doblar sin impedimento.

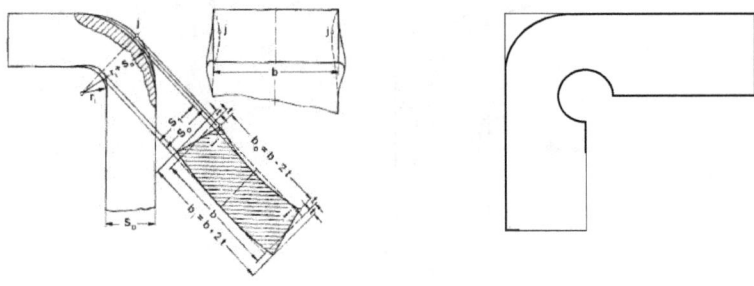

8.4 Consideraciones en el plegado

Si se han realizado pliegues anteriormente en una chapa, es posible que sea difícil para el punzón acceder a ciertos lugares. Por ello, es necesario considerar una secuencia de plegado que nos permita llevar a cabo todos los plegados. No obstante, los punzones poseen una geometría especial que facilitan la accesibilidad del mismo. Son los *punzones con cuello de cisne*.

8.5 Equipos para el plegado

La máquina empleada en el plegado recibe el nombre de plegadora. Posee varias formas para los punzones y para las matrices.

8.6   Otras operaciones de plegado

En este apartado vamos a hacer especial hincapié a dos procesos que son ampliamente empleados para dar forma a chapas metálicas: el curvado por rodillos y el doblado de tubos.

– <u>Curvado por rodillos</u>: se obtienen radios de curvado diferentes en función de las distancias entre rodillos, generalmente 3 o 4, con uno de los rodillos ajustable en altura.

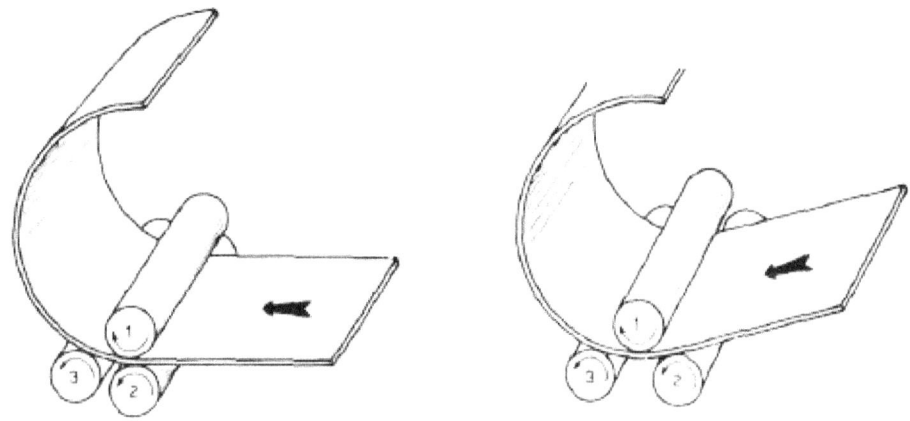

– <u>Doblado de tubos</u>: los tubos tienden a colapsarse al doblarlos. Para evitarlo, la técnica más antigua consiste en llenarlos de arena antes de doblarlos y sacar luego la arena. Actualmente se usan mandriles flexibles (cables, bolas, etc.). La curvatura del tubo se da con una matriz con el radio final.

Distinguimos tres formas de doblar los tubos: por estiramiento, por compresión o por tracción; siendo este último el más empleado.

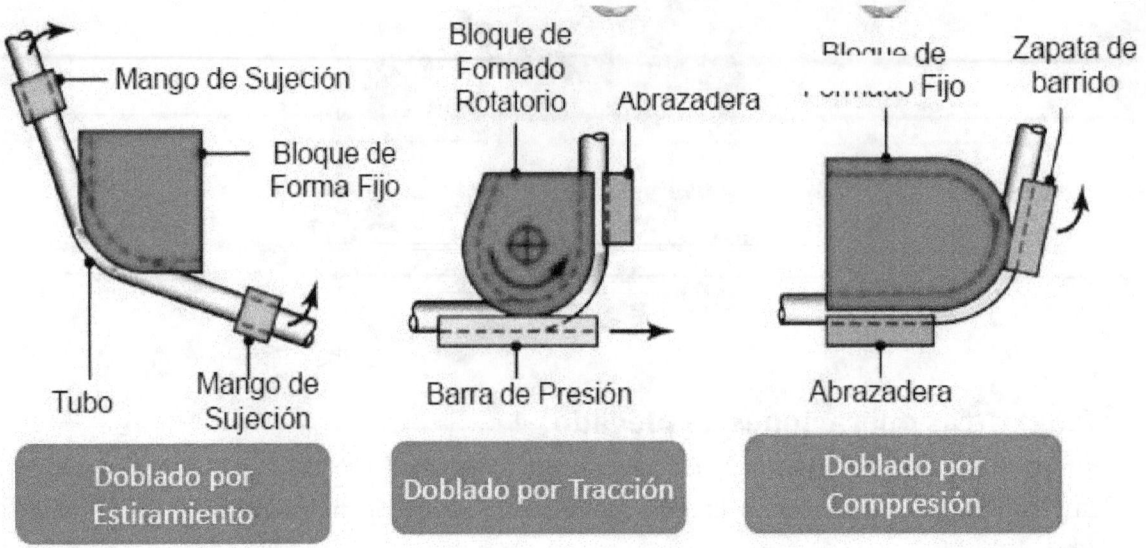

Mango de Sujeción

Bloque de Forma Fijo

Tubo

Mango de Sujeción

Doblado por Estiramiento

Bloque de Formado Rotatorio

Abrazadera

Barra de Presión

Doblado por Tracción

Bloque de Formado Fijo

Zapata de barrido

Abrazadera

Doblado por Compresión

8.7 Perfilado

El proceso de perfilado se usa para dar forma a chapas de longitud continua en grandes lotes. La chapa pasa por parejas de rodillos (estaciones) que le dan la forma progresivamente. Al final del proceso puede haber una etapa que nos permita cortar la plancha o realizar operaciones de soldadura si, por ejemplo, obtenemos un perfil tubular.

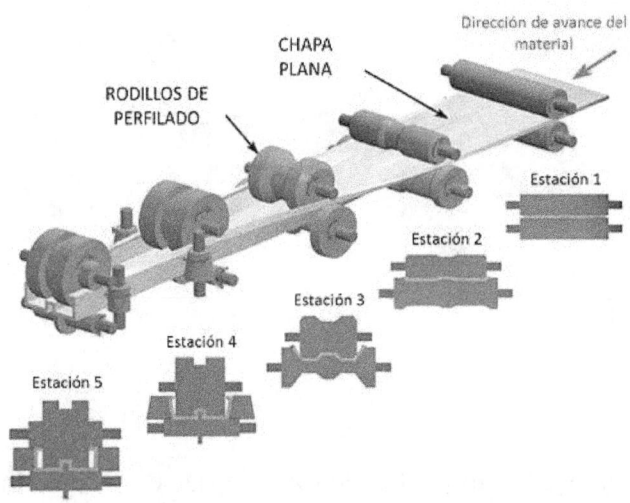

El diseño de cada etapa y de sus rodillos se realiza a través de un software comercial especializado, el cual, dados el perfil inicial y final, originan una flor del perfil indicándonos en número de etapas óptimas a realizar. En la siguiente imagen podemos ver un ejemplo de flor de perfilado:

Al contrario que en laminación, en el perfilado no hay variación del espesor de la chapa; únicamente se produce un cambio en el perfil. Se trata de un proceso de un elevado coste por la maquinaria y el software necesario, y está dirigido a grandes volúmenes de producción. La chapa puede cortarse antes o después de entrar a la zona de perfilado. A la última etapa del perfilado se la denomina comúnmente como *cabeza de turco*.

El proceso de perfilado, aun siendo caro, va sustituyendo paulatinamente a procesos de extrusión. Esto se debe al ahorro energético que supone la no necesidad de aumentar la temperatura del material para ser perfilado.

8.8 Embutición

Este proceso puede considerarse como una mezcla de plegado y estirado. Se emplea para la obtención de piezas con forma cilíndrica o con forma de caja; por ejemplo las ollas y sartenes, depósitos de gasoil, etc. Por lo tanto, se emplea para grandes deformaciones.

Entre los inconvenientes que podemos encontrar, podemos mencionar que los esfuerzos longitudinales y circunferenciales son grandes. Imaginémonos qué ocurría sin intentamos acoplar perfectamente un papel (metal) a la superficie curva de una bañera (matriz). La fuerza de embutición está limitada por las fuerzas que aparecen en la zona de contacto del material con la matriz y la placa de sujeción, y también por la profundidad de embutición. La deformación es realizada por el recorrido de un punzón, siendo la pieza de partida generalmente un disco plano de metal.

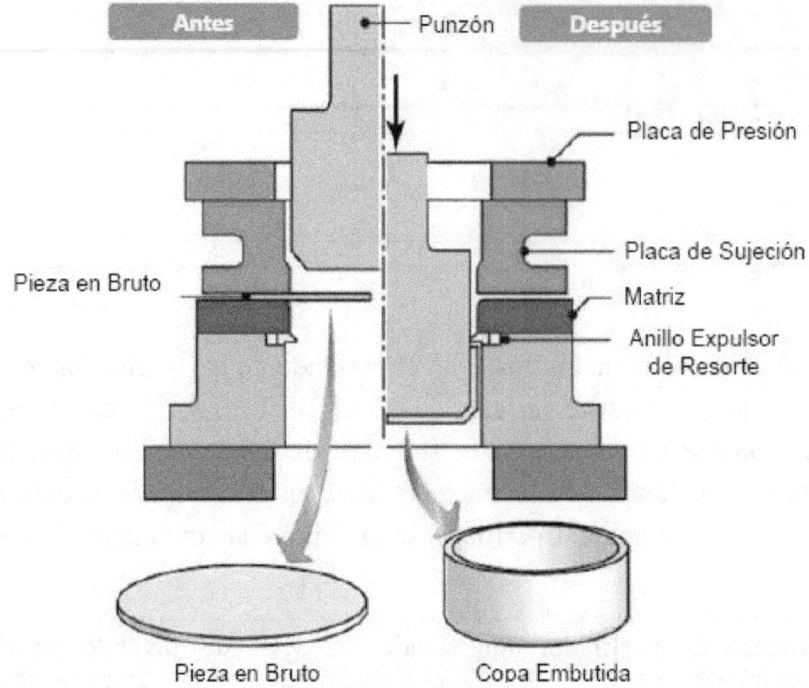

En una operación de embutido, el fallo en el material se produce generalmente por adelgazamiento de la pared bajo los altos esfuerzos de tensión longitudinales debidos a la acción del punzón. Siguiendo el movimiento del material a medida que fluye en la cavidad de la matriz, se puede observar que la lámina metálica debe ser capaz de experimentar una reducción en la anchura y también debe resistir los esfuerzos de tensión longitudinales generados en las paredes de la copa. Por lo general, la capacidad de embutido se expresa mediante la *relación de embutido límite* LDR, siendo:

$$LDR = \frac{Di\acute{a}metro\ m\acute{a}ximo\ de\ la\ pieza\ en\ bruto}{Di\acute{a}metro\ del\ punz\acute{o}n}$$

8.9   Otros procesos de conformado

Para finalizar este capítulo, se nombrarán algunos procesos de conformado que son también dignos de ser mencionados.

– Hidroconformado: en el hidroconformado o *proceso de formado con fluidos*, la presión se ejerce sobre una membrana de hule, detrás de la cual se encuentra un líquido (agua, aceite, etc.). Este procedimiento permite mantener un estrecho control sobre la pieza durante la operación y evita la formación de pliegues. En el hidroconformado se obtiene embutidos más profundos que en procesos de embutición convencionales.

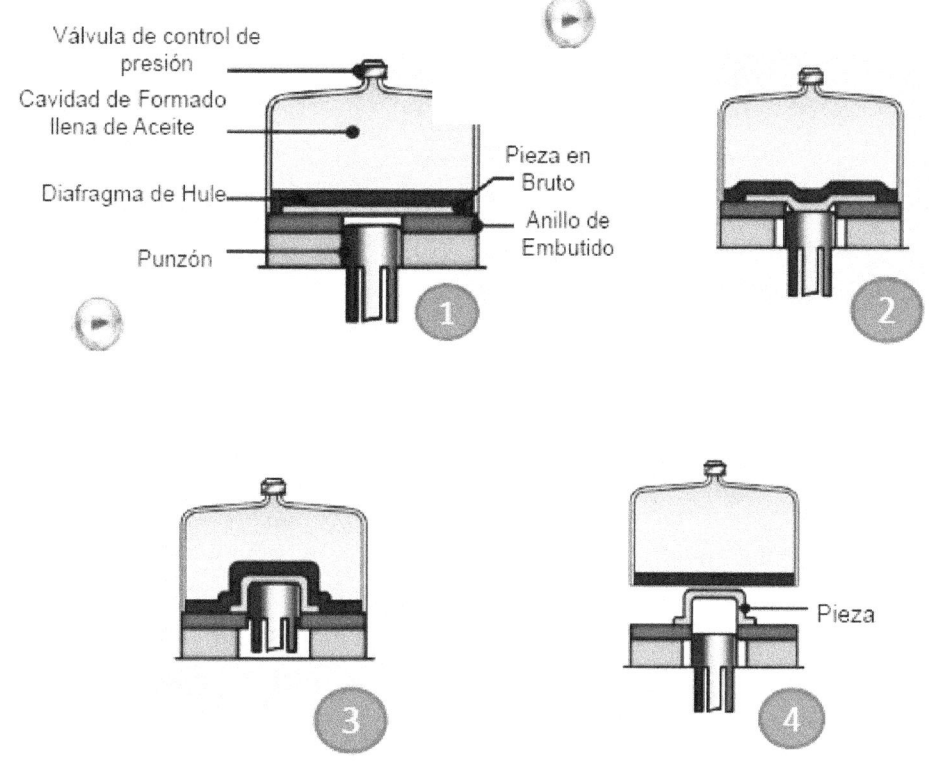

El hidroconformado de tubos permite formas intrincadas aplicando presión interna. El fluido, en este caso, es introducido en el interior del tubo a alta presión. Son las matrices externas las que limitan la forma final del tubo.

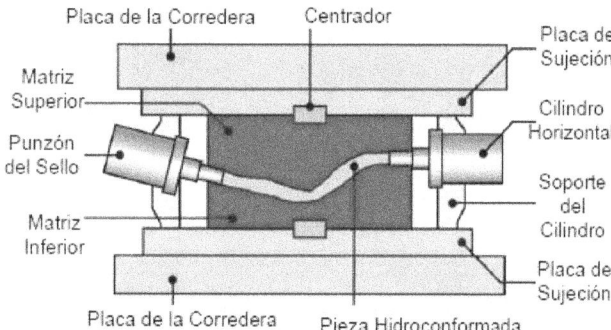

– Repulsado: es un proceso que implica la formación de piezas simétricas respecto un eje de revolución sobre un mandril utilizando diversas herramientas y rodillos. Es un proceso similar al del trabajo con arcilla en un torno de alfarero.

En el repulsado convencional, una pieza metálica en forma de disco se coloca y sostiene contra un mandril. Luego se hace girar mientras una herramienta rígida moldea el material sobre el mandril. La herramienta puede activarse de forma manual o con mecanismos controlados por computadora.

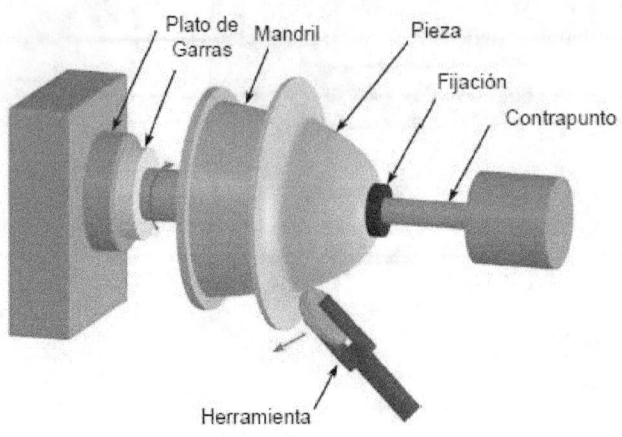

En el caso del repulsado de tubos, se produce una disminución o alteración del grosor de las piezas de trabajo haciéndolas girar en un mandril redondo. En esta ocasión distinguimos entre el repulsado de tubos externo e interno. Como consecuencia evidente, la longitud del tubo aumenta.

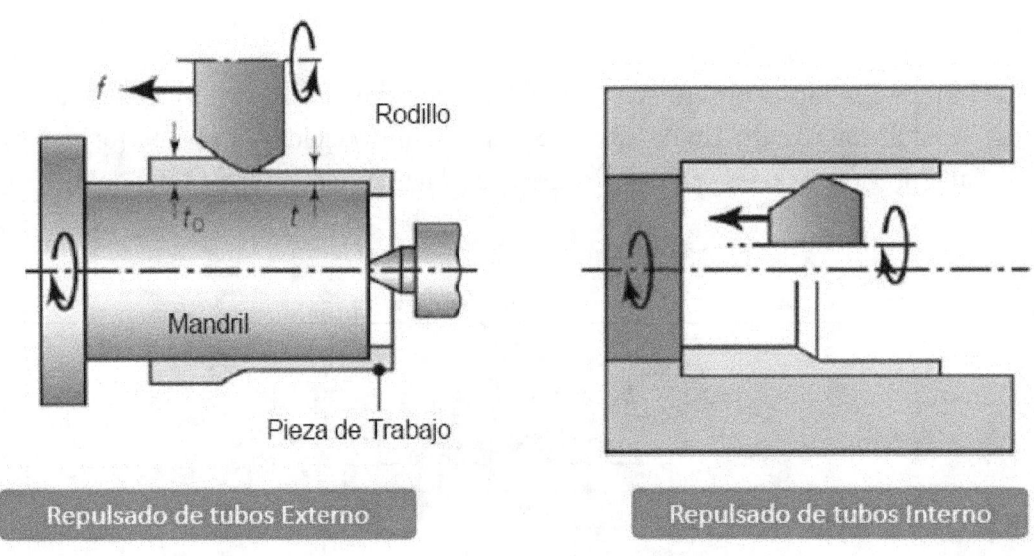

58

CAPÍTULO 9: Fundición de metales

La fundición, usada por primera vez hace alrededor de 6000 años, continúa siendo un importante proceso de manufactura para producir piezas muy pequeñas tanto como piezas muy grandes y complejas.

9.1 Introducción

El proceso de fundición consiste básicamente en (a) vaciar el metal fundido en un molde, el cual posee una cavidad generada mediante un modelo que tiene la forma de la pieza que desea fundirse, (b) dejar que esta solidifique y (c) retirar la pieza del molde. Por ello, todos los procesos de fundición tienen una serie de etapas que son comunes:

1. El metal es calentado por encima de la temperatura de fusión.
2. El metal fundido es posteriormente vertido en la cavidad del molde.
3. Al descender la temperatura, el metal se solidifica.
4. Una vez solidificada, la pieza final es extraída del molde.

En cuanto a los productos o piezas que se obtienen a partir de este tipo de procesos, cabe señalar:

- Se obtienen piezas cercanas a la forma final. No obstante requieren de procesos posteriores para eliminar las rebabas.
- Las propiedades mecánicas de las piezas no son tan buenas como en los procesos de conformado por deformación plástica. Lo que vamos a obtener es una estructura con microporosidades internas.
- Buen control de tolerancias, aunque no tan bueno como en procesos de mecanizado.
- El acabado superficial dependerá del material de los moldes, pero por lo general suelen ser aceptables.
- Propiedades anisotrópicas.

9.2 Solidificación del metal

Después de que el metal fundido se vierte en un molde, se da lugar a una secuencia de eventos durante la solidificación y el enfriamiento del metal a temperatura ambiente. Estos eventos influyen en gran medida sobre el tamaño, la forma, la uniformidad y la composición química de los granos formados en toda la pieza fundida, los cuales a su vez, influyen en las propiedades generales de la pieza.

Dentro del proceso de solidificación de un metal, debemos distinguir si estamos ante un metal puro o una aleación. Los primeros, poseen un punto de solidificación claramente definido, produciéndose el evento a una temperatura constante.

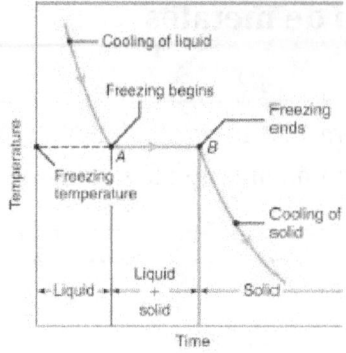

Las aleaciones, por el contrario, no se solidifican a temperatura constante. Existe un rango de temperaturas, conocido como *rango de solidificación*, dentro del cual el material presenta una textura viscosa o en forma de pasta.

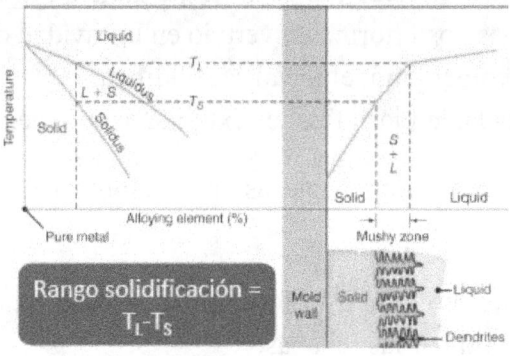

Cabe destacar también, la forma o la dirección preferente en que el material se solidifica dentro de los moldes. Al enfriarse, el metal se contrae, y generalmente también lo hace al solidificarse. Esto genera cambios dimensionales y la aparición de tensiones que deben ser tenidas en cuenta a la hora del diseño del proceso. La solidificación del metal suele ocurrir desde el entorno exterior hacia el interior o núcleo de la pieza. Esto genera un frente de solidificación, el cual va avanzando hasta que toda la pieza se ha solidificado.

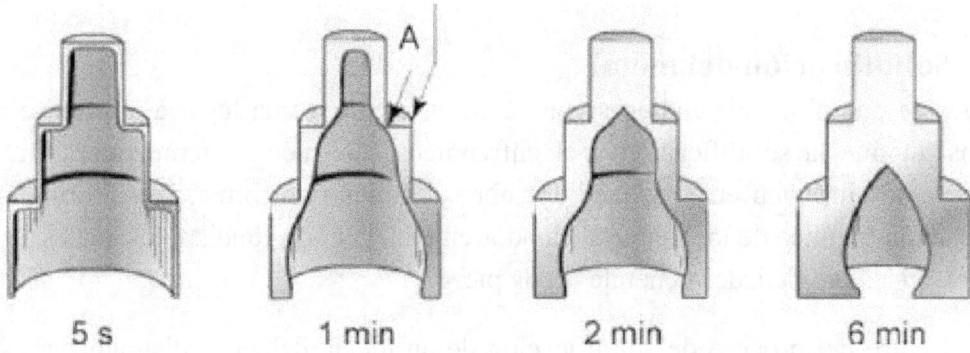

Pasamos ahora a la clasificación de los distintos tipos de procesos de fundición de metales.

9.3 Procesos de molde desechable/modelo permanente

Un molde es un recipiente o pieza cuyos huecos configuran el negativo de la pieza que se desea obtener. Entendemos por moldes desechables a aquellos moldes de un solo uso fabricados con materiales baratos (arena o materiales cerámicos aglutinados) y refractarios, lo que quiere decir que son capaces de soportar las elevadas temperaturas del metal fundido. Concluido el proceso de moldeo, el molde se rompe para extraer la pieza solidificada.

Por otro lado, un modelo es una pieza similar en geometría a la pieza que se quiere obtener y que nos permite fabricar el molde. Entendemos por modelo permanente a aquellos que son reutilizados tras el proceso de moldeo. Esto supone que el molde debe abrirse para extraer el modelo antes de que el metal fundido sea vertido en la cavidad resultante. Los modelos son ciertamente más grandes que la pieza deseada, pues ha de tener en cuenta la contracción del metal al enfriarse, y suelen estar hecho de madera, plástico o hierro gris. Puede ser un modelo de una sola pieza, o un modelo dividido de modo que facilite su extracción del molde.

De entre todos los procesos de fundición con molde desechable y modelo permanente destacamos cuatro de ellos:

1. <u>Moldeo en arena</u>: es el método para la fundición de metales más antiguo que se conoce y utiliza, siendo aún la forma más común de fundición. La fundición en arena consiste básicamente en (a) colocar un modelo, que tiene la forma de la pieza que se va a fundir, en arena para hacer una impresión en la misma, (b) incorporar un sistema de alimentación, (c) retirar el modelo y llenar la cavidad del molde con metal fundido, (d) permitir que el metal se enfríe hasta su solidificación, (e) romper el molde de arena y (f) retirar la pieza fundida.

El diseño de los modelos debe tener en cuenta la contracción del material, permitir el flujo adecuado del material fundido y disponer de paredes inclinadas o ángulos de salida para permitir una fácil extracción del mismo del molde.

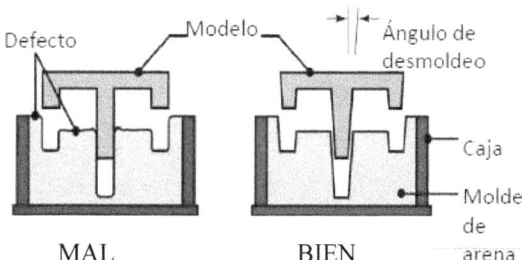

Asimismo, los moldes de arena presentan una serie de características comunes: (a) estabilidad a alta temperatura debido a que están hechos de materiales refractarios, (b) cierta permeabilidad que permite expulsar los gases formados en el interior y (c) colapsabilidad, es decir, adaptación a pequeños cambios de forma que puedan producirse al solidificar el metal en el interior.

Existen diversas formas en las que podemos componer nuestra arena de moldeo. Distinguimos tres de ellas:

– Arena verde: el material del molde está compuesto de arena, arcilla y agua. Es el material más barato y se recicla tras la solidificación de la pieza para darle un nuevo uso. Posee un inconveniente: existe humedad en el interior del molde durante la solidificación del metal fundido.
– De caja fría: el material del molde está compuesto esta vez de arena junto aglutinantes orgánicos e inorgánicos. Este tipo de material de lugar a unos moldes más caros, pero que nos permiten obtener una mayor precisión dimensional que los anteriores.
– Sin cocción: los moldes están hechos de arena y resina sintética líquida. Esta mezcla endurece a temperatura ambiente. Disminución de la colapsabilidad del molde.

Los moldes de arena pueden ser secados en un horno (*horneados*) para aumentar su resistencia y precisión, aunque este proceso puede conducir hacia una mayor distorsión del molde y una peor colapsabilidad.

Si queremos generar otras cavidades, formas adicionales o conductos en nuestra pieza, podemos añadir en la cavidad del molde lo que se conoce como *núcleos*. Estos evitan que en esas zonas llegue a solidificarse el material. Su comportamiento ha de ser similar al del molde (generalmente son del mismo material) y ha de contemplar carencias en cuanto a soporte y estabilidad dentro del molde. Los núcleos son conocidos comúnmente como machos o corazones.

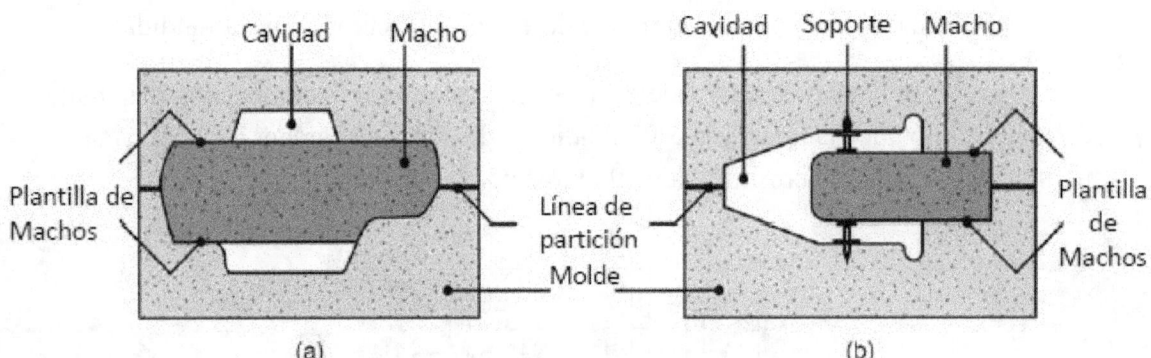

Ahora veremos las partes del recipiente empleado en los procesos de fundición con molde de arena. Al conjunto se le denomina caja de vaciado.

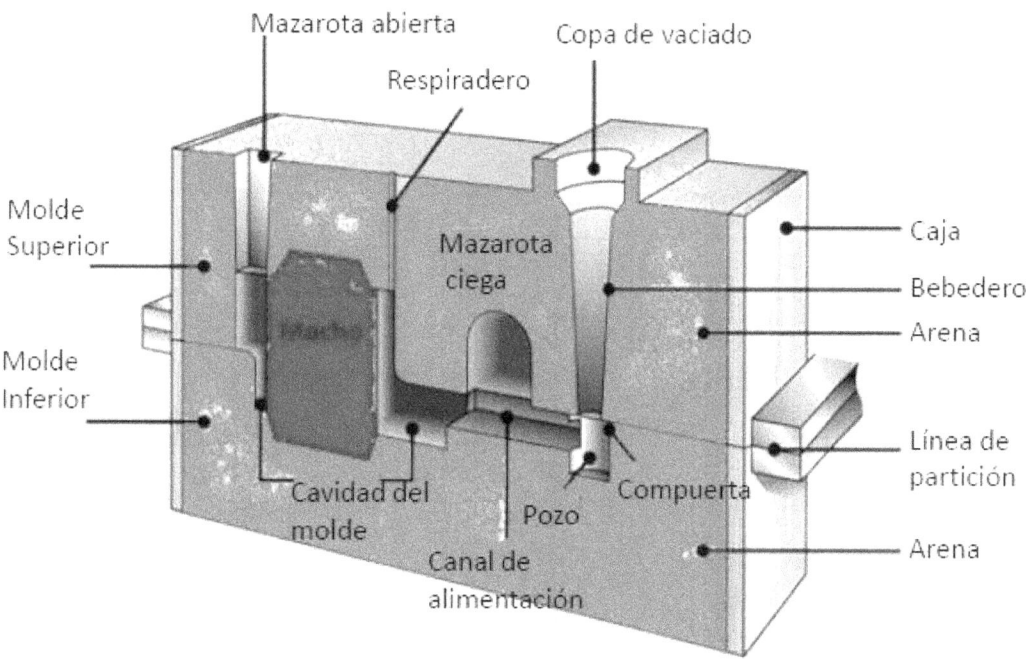

Los moldes de dos piezas constan de (1) un molde superior y (2) un molde inferior. La unión de estos origina (3) la línea de partición. Distinguimos también (4) una copa de vaciado, donde se vierte el metal fundido. Este metal fluye hacia abajo a través del (5) bebedero. (6) El sistema de distribución o alimentación tiene canales que transportan el metal fundido desde el bebedero hasta (7) la cavidad del molde. (8) Las mazarotas suministran metal fundido adicional a la fundición durante el proceso de solidificación. La cavidad del molde puede tener o no (9) núcleos. Para finalizar, (10) los respiraderos se colocan para expulsar los gases residuales producidos cuando el metal fundido entra en contacto con la arena del molde. También desalojan el aire de la cavidad del molde a medida que el metal fluye en el interior, desplazándolo.

Al solidificarse el metal fundido, extraemos nuestra pieza junto con la forma de estos componentes, que deberán ser eliminados posteriormente junto con las rebabas que se originan debido a la línea de partición.

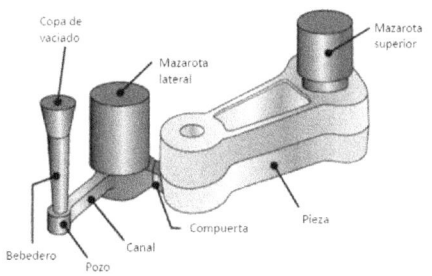

Por último, se adjunta un esquema de todo el proceso de fundición en molde de arena.

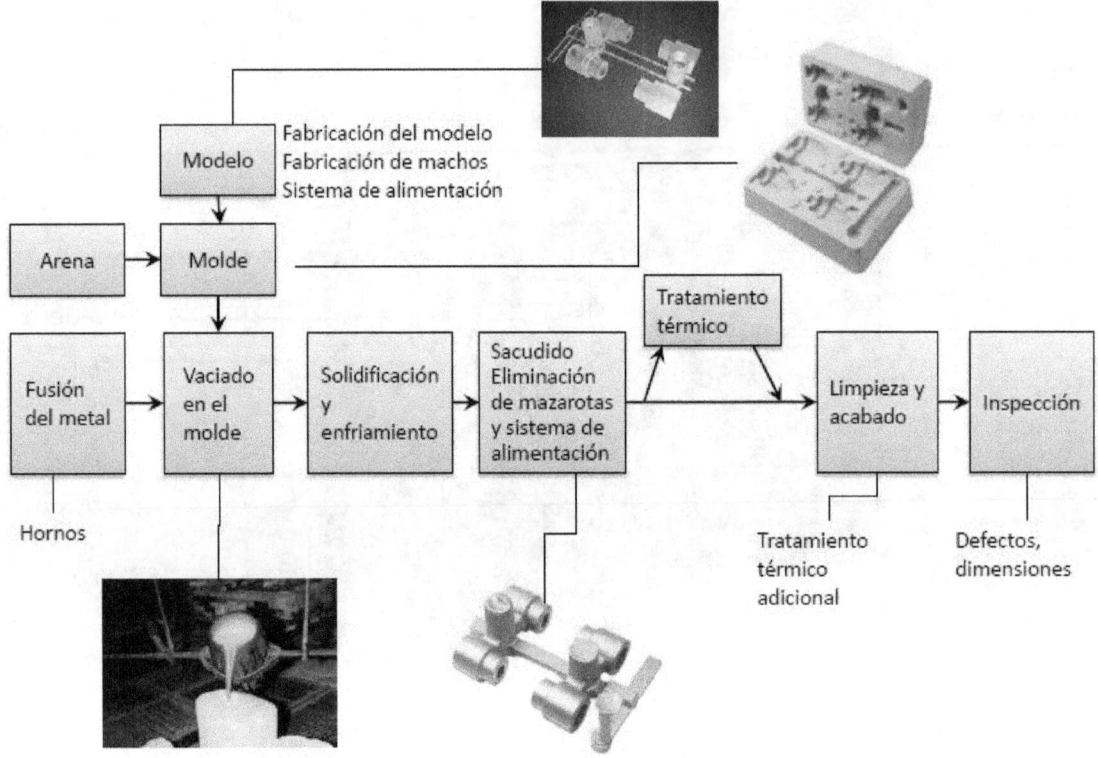

2. <u>Moldeo en cáscara</u>: en este proceso se obtiene una cáscara con la forma de la pieza que se desea obtener empleando arena con un pequeño tamaño de grano. Con ello, conseguimos una permeabilidad reducida y buenas tolerancias dimensionales y acabados superficiales con un bajo coste. Para ello, el modelo está recubierto con un agente separador. Al calentar el modelo, estamos haciendo que la arena recubierta a su alrededor se adhiera al agente separador, obteniendo una "cáscara" que es la que empleamos posteriormente.

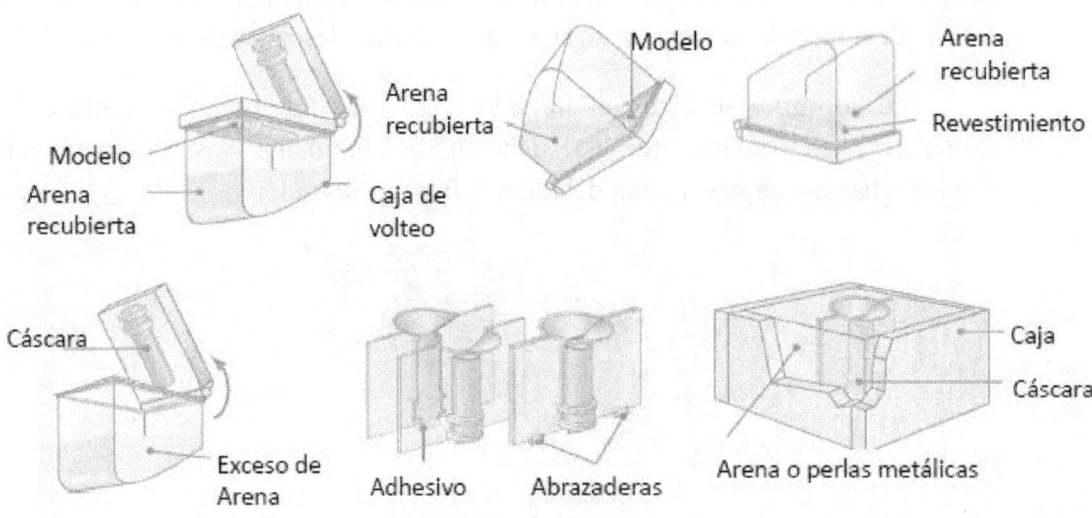

3. <u>Fundición en molde de yeso</u>: este proceso, y los procesos de fundición en molde cerámico por revestimiento que enunciaremos posteriormente, se conocen como fundiciones de precisión debido a la alta precisión dimensional y al buen acabado superficial que se obtienen al aplicarlos.

En el proceso de moldeo en yeso, el molde se hace a partir de yeso con adición de talco y polvo de sílice para mejorar la resistencia. Estos componentes se mezclan con agua y el lodo o pasta resultante se vierte sobre el modelo. Después de que se forme el yeso, el molde se retira y se seca. Los moldes de yeso tienen una permeabilidad muy baja, por lo que los gases desprendidos durante la solidificación del metal no pueden escapar; por consiguiente, el metal fundido se vierte al vacío o bajo presión. Además, dada la baja conductividad térmica de los moldes, las piezas fundidas se enfrían lentamente y, por lo tanto, se obtiene una estructura de grano más uniforme en toda la pieza.

Por lo general, los modelos para el moldeo en yeso se suelen hacer de aleaciones de aluminio, plásticos termoestables, latón o aleaciones de zinc. Los modelos de madera no son adecuados para la fabricación de un gran número de moldes porque entran en contacto varias veces con la suspensión de yeso a base de agua y pueden pandear o degradarse rápidamente.

Cabe destacar que debido a que existe un límite a la temperatura máxima que el molde de yeso puede soportar (unos 1200 ºC), la fundición en molde de yeso se utiliza sólo para el aluminio, magnesio, zinc y algunas aleaciones a base de cobre (no válido para aleaciones).

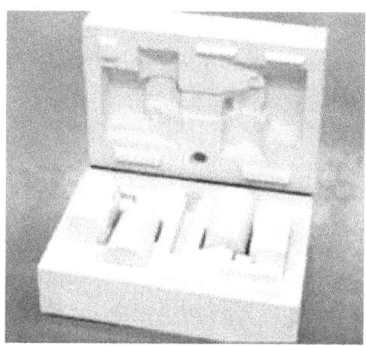

4. <u>Fundición en molde cerámico</u>: es similar al proceso con molde de yeso, excepto que utiliza materiales para el molde refractarios adecuados para la exposición a altas temperaturas. El material empleado para el molde suele ser una mezcla de circonio de grano fino, óxido de aluminio y sílice, junto con varios aglutinantes. Este molde, se hornea o quema para aumentar su dureza.

Los moldes refractarios resisten muy bien el calor, por lo que son empleados para la obtención de aceros inoxidables y aleaciones termorresistentes.

Con este proceso, se consiguen buenos acabados superficiales y tolerancias dimensionales, en un amplio rango de tamaños y formas.

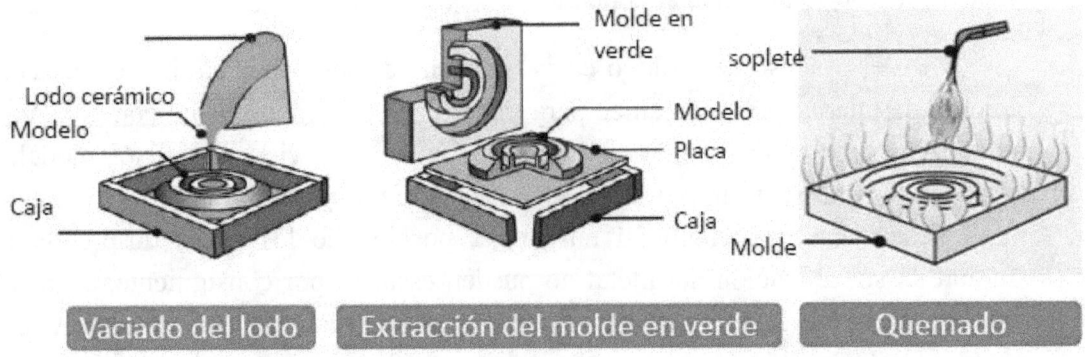

9.4   Procesos de molde desechable/modelo desechable

En estos procesos, cada pieza obtenida por fundición necesita tanto un molde como un modelo propios, pues son destruidos antes de la obtención de la pieza final.

De entre todos los procesos de fundición con molde y modelo desechables destacamos dos de ellos:

1. Fundición de modelo evaporativo o a la espuma perdida (EPC/FMC): este proceso utiliza un modelo de poliestireno que se evapora al contacto con el metal fundido para formar una cavidad para la fundición. Este proceso se ha convertido en uno de los más importantes para metales ferrosos y no ferrosos, sobre todo en la industria automotriz debido a su bajo coste.

    En un molde precalentado, generalmente de aluminio, se introducen perlas de poliestireno de forma que llenen la cavidad del molde. Aumentando la presión y la temperatura lograremos que las perlas llenen la totalidad de la cavidad y que estas se fusionen entre sí. Al enfriarse, podremos extraer el modelo de poliestireno. Este es recubierto posteriormente con un material refractario y se coloca en una caja de moldeo rellena con arena. Se compacta la arena para que recubra perfectamente nuestro modelo y se vierte el metal fundido.

    Es posible fabricar modelos complejos al unir varias secciones individuales del modelo utilizando adhesivo para fusión en caliente.

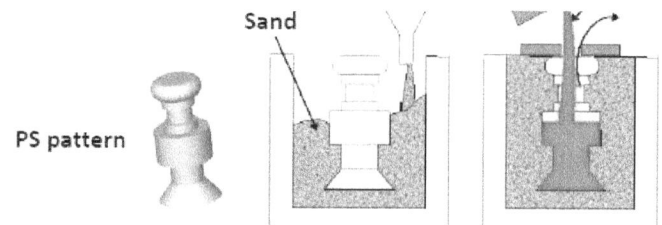

PS pattern Sand

2. <u>Fundición por revestimiento o a la cera perdida</u>: la secuencia del proceso es la siguiente: (1) se fabrica el modelo con cera o plástico mediante técnicas de moldeo o prototipado rápido. (2) Después se sumerge en una suspensión de material refractario, como sílice muy fina, incluyendo agua. Después de que este revestimiento se seca, (3) el modelo se reviste varias veces para aumentar su grosor y lograr mayor resistencia. Nótese que para el recubrimiento inicial pueden utilizarse partículas más pequeñas a fin de desarrollar un mejor acabado superficial en la pieza fundida; en las capas posteriores pueden usarse partículas más grandes, las cuales tienen la finalidad de aumentar el espesor del recubrimiento rápidamente. (4) El molde de una sola pieza se seca y se calienta a una elevada temperatura en un horno en posición invertida. Con esto logramos fundir la cera que componía el modelo y endurecer el revestimiento. Al salir del horno, tenemos únicamente un revestimiento reforzado, dentro del cual (5) se vierte el metal fundido. Una vez se ha solidificado en el interior, (6) se elimina el recubrimiento con procesos de vibración o con golpes.

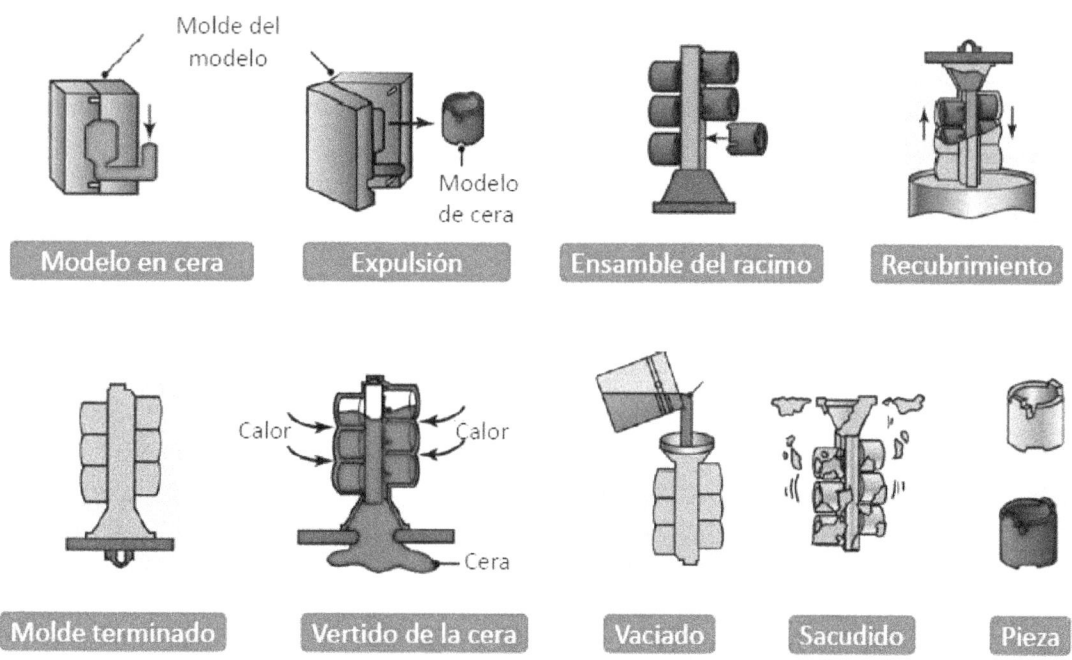

Modelo en cera — Expulsión — Ensamble del racimo — Recubrimiento

Molde terminado — Vertido de la cera — Vaciado — Sacudido — Pieza

9.5 Procesos de molde permanente

En la fundición de molde permanente, los moldes se fabrican con materiales de gran resistencia al desgaste y a la fatiga térmica (fundición de hierro, acero, aleaciones metálicas refractarias). La cavidad y el sistema de canalización se mecanizan en el propio molde, y deben posibilitar su apertura de manera que la pieza final pueda ser extraída. La mecanización de los moldes da lugar a piezas con muy buenos acabados superficiales y tolerancias. La mayoría de estos están formados por dos partes que se unen por medios mecánicos.

Destacaremos a continuación cinco procesos de fundición en molde permanente:

1. <u>Fundición en vacío</u>: el molde se sumerge en el metal fundido y se aplica posteriormente el vacío, de manera que el metal rellena toda la cavidad del molde. Este proceso permite la obtención de geometrías complejas de paredes delgadas con propiedades uniformes.

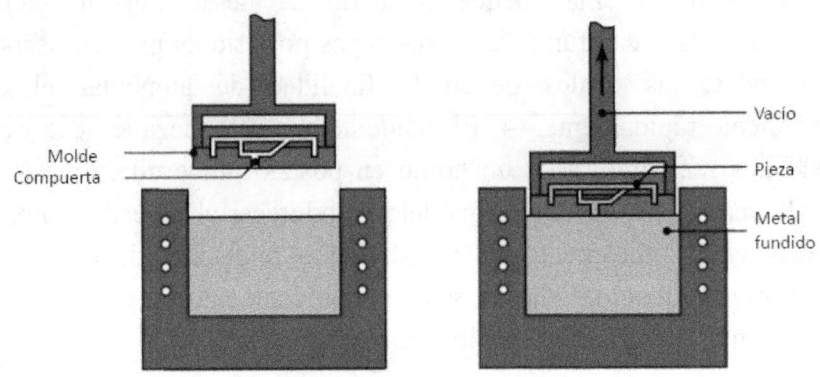

2. <u>Fundición a presión en matriz</u>: el metal fundido es forzado a entrar en un molde con la aplicación de altas presiones. Es un proceso económicamente viable para elevadas tasas de producción. Distinguimos dos procesos diferentes:

   – <u>Fundición a presión en cámara caliente</u>: implica el uso de un pistón, el cual obliga a un volumen específico de metal fundido a entrar en la cavidad del molde a través de un cuello de cisne y una boquilla. El metal se mantiene bajo presión hasta que se solidifica en el molde.

   Para alargar la vida del molde, se suelen enfriar con agua o aceite de refrigeración, haciéndolos circular por los conductos internos que poseen.

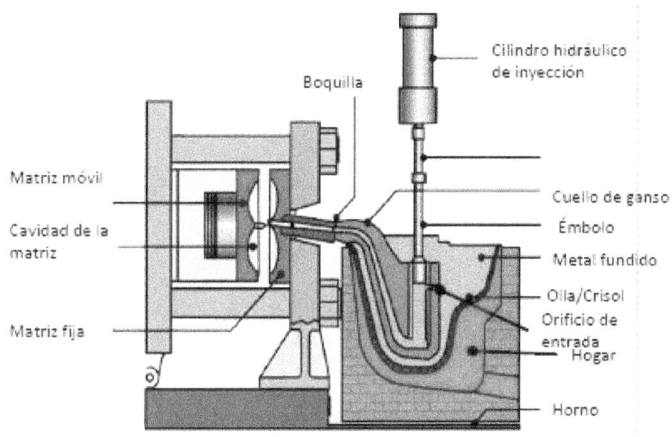

– <u>Fundición a presión en cámara fría</u>: el metal fundido se vacía en un cilindro de inyección o *cámara de disparo*. La cámara no se calienta, de ahí el término *cámara fría*.

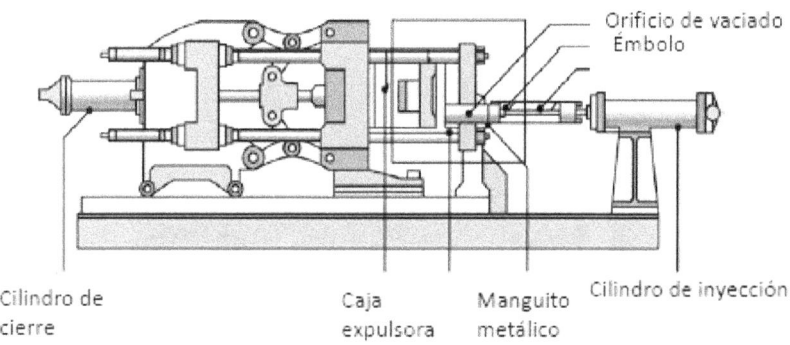

3. <u>Fundición centrífuga y centrifugado</u>: en estos procesos se utiliza la inercia rotacional para forzar al metal fundido a entrar en las cavidades del molde.

– <u>Fundición centrífuga</u>: se producen piezas cilíndricas huecas mediante la técnica que se muestra en la siguiente figura. Las fuerzas centrífugas distribuyen uniformemente el material por la periferia.

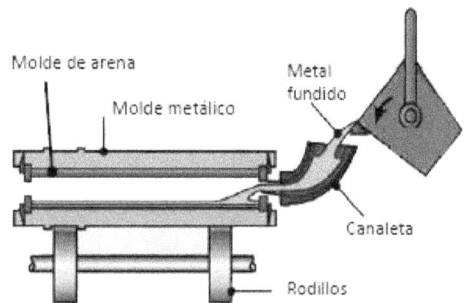

– <u>Centrifugado</u>: el metal se vierte en el centro de un dispositivo rotatorio y las fuerzas centrífugas lo distribuyen del centro a la periferia, y después a la cavidad de un molde.

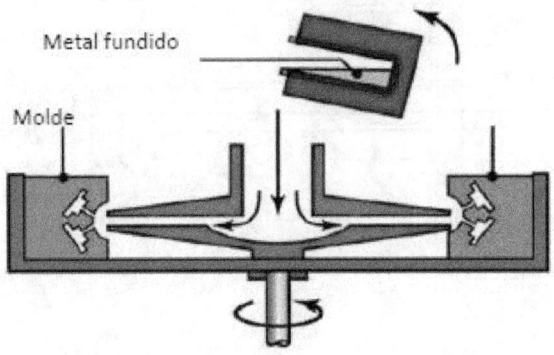

4. <u>Forja de metal líquido</u>: la solidificación del metal tiene lugar a elevadas presiones. El metal se vierte en la cavidad de un molde y un punzón lo presiona contra la matriz. Un eyector se dispone de manera que la fundición es finalmente expulsada.

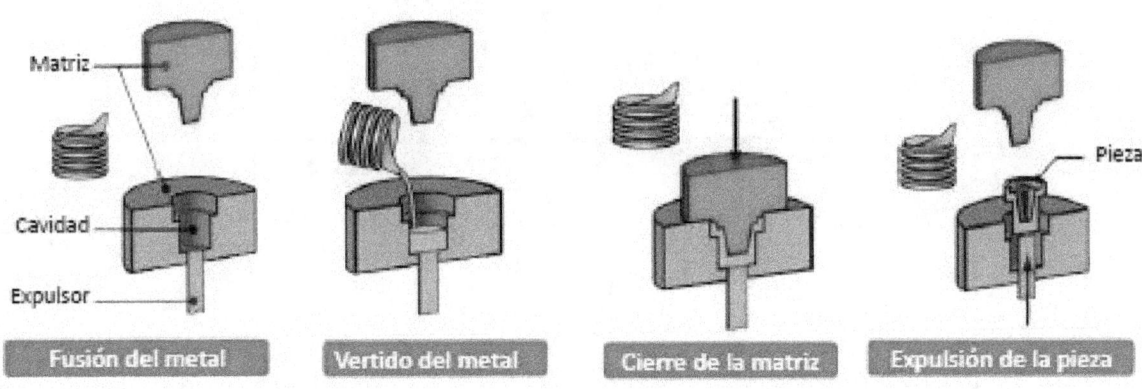

5. <u>Fundición en colada continua</u>: es el principal método de producción de geometrías semiacabadas (slabs, blooms,…). El metal fundido se vierte en un molde de paredes metálicas refrigeradas, que proporcionan una sección rectangular. A medida que las paredes se enfrían, se forma una piel exterior sólida, mientras que el interior permanece fundido. Este método permite la generación de grandes piezas de metal.

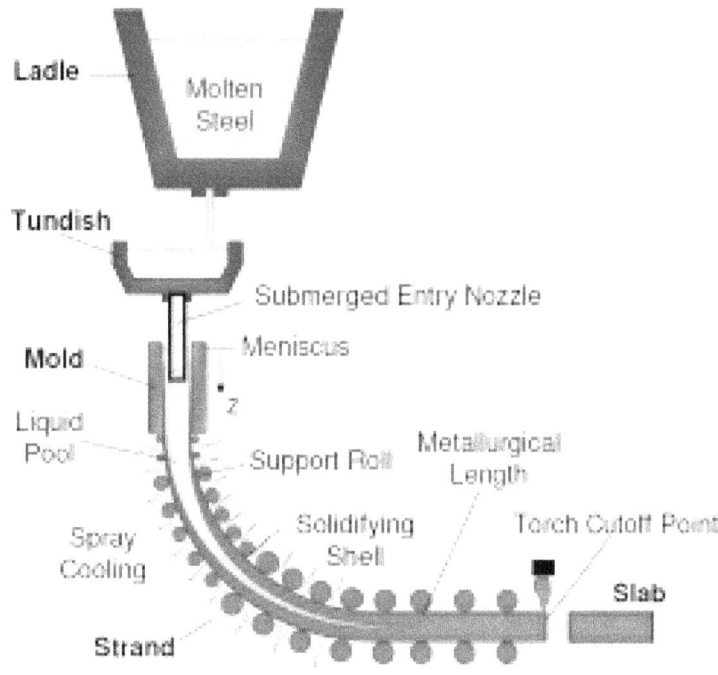

9.6   Resumen y aspectos económicos

En la siguiente tabla que se adjunta puede verse un resumen general del capítulo junto con algunas consideraciones de carácter económico.

Proceso	Ventajas	Limitaciones
En arena	Se puede colar prácticamente cualquier metal; sin límite en el tamaño, forma o peso de la pieza; bajo costo del herramental	Se requiere algún acabado; acabado superficial relativamente grueso; tolerancias amplias
Molde en cáscara	Buena precisión dimensional y acabado superficial; alta velocidad de producción	Restricciones al tamaño de la pieza; requieren modelos y equipos costosos
Modelo consumible	La mayoría de los metales fundidos, sin límite de tamaño; partes de formas complejas	Modelos con baja resistencia y pueden ser costosos para pequeñas cantidades
Molde de yeso	Partes de formas intrincadas; buena tolerancia dimensional y acabado superficial; baja porosidad.	Limitado a metales no ferrosos; límite al tamaño de la pieza y al volumen de producción; tiempo largo para fabricar el molde.
Molde cerámico	Piezas de formas intrincadas; partes con tolerancias cerradas; buen acabado superficial	Tamaño limitado de la pieza
Fundición por revestimiento	Piezas de formas intrincadas; excelente acabado superficial y precisión; casi cualquier metal fundido.	Partes de tamaño limitado; modelos, moldes y mano de obra costosos.
Molde permanente	Buen acabado superficial y tolerancia dimensional; baja porosidad; alta capacidad de producción.	Alto costo del molde; piezas de tamaño y complejidad limitados; no es adecuado para metales con alto punto de fusión.
A presión en matriz	Excelente precisión dimensional y acabado superficial; alta capacidad de producción.	Alto costo de la matriz; piezas de tamaño limitado; generalmente limitado a metales no ferrosos; largo tiempo de entrega.
Centrífuga	Grandes partes cilíndricas o tubulares con buena calidad; alta capacidad de producción	Equipo costoso; piezas de forma limitada.

9.7   Otra clasificación para los procesos de fundición

Además de la clasificación que hemos seguido a lo largo de este capítulo, destacamos para finalizar la siguiente, que tiene que ver con la forma en la que el material se introduce en el molde:

- Vertido por gravedad.
- Vertido a presión.
- Vertido al vacío.

CAPÍTULO 10: Pulvimetalurgia

En los procesos de manufactura descritos hasta ahora, las materias primas utilizadas han sido metales y aleaciones, ya sea en estado fundido o en forma sólida. Este capítulo describe la metalurgia de polvos o pulvimetalurgia, donde polvos metálicos se compactan en diversas formas y se sinterizan (calientan sin llegar a fundirse) para formas una pieza sólida. Este método se empleó por primera vez en Egipto alrededor del año 3000 a.C., para fabricar herramientas de hierro. La disponibilidad de una amplia gama de composiciones de polvos metálicos, la capacidad de producir piezas con dimensiones netas y los aspectos económicos generalmente favorables de la operación a medida que avanza esta tecnología dan a este proceso numerosas aplicaciones atractivas y una perspectiva expansiva de futuro.

Los procesos de pulvimetalurgia poseen una seria de ventajas con respecto a otros procesos: (a) desperdicio mínimo de material, (b) válido para todo tipo de aleaciones, (c) reducción al mínimo de las operaciones de acabado, (d) muy buen acabado superficial y tolerancias dimensionales, (e) control preciso de las propiedades mecánicas en función de la densidad de los polvos metálicos (alta densidad para alta dureza y viceversa).

10.1 Producción de polvos metálicos

Antes de empezar con los diferentes métodos de producción de polvos metálicos, vamos a ver qué formas pueden adoptar estos:

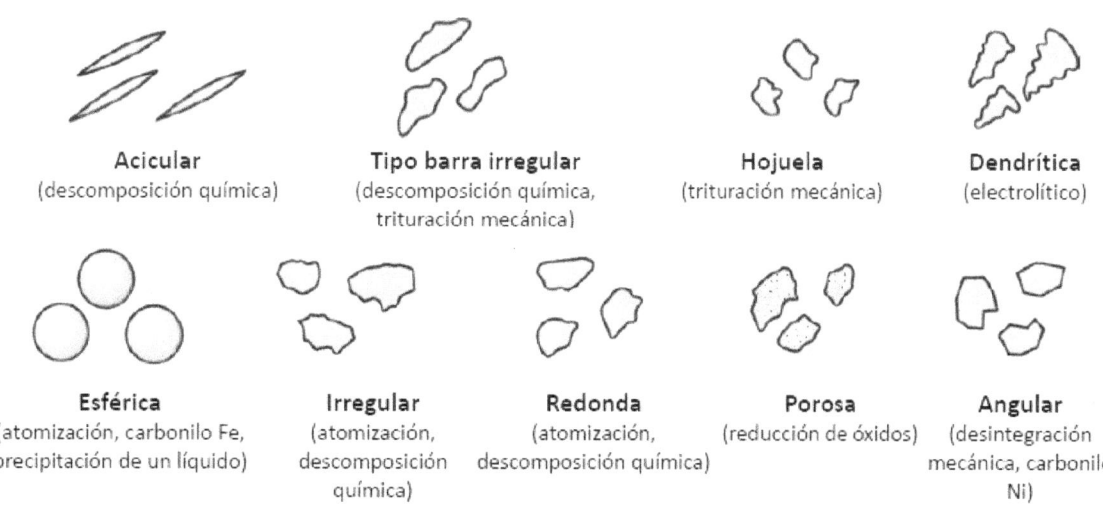

Acicular
(descomposición química)

Tipo barra irregular
(descomposición química, trituración mecánica)

Hojuela
(trituración mecánica)

Dendrítica
(electrolítico)

Esférica
(atomización, carbonilo Fe, precipitación de un líquido)

Irregular
(atomización, descomposición química)

Redonda
(atomización, descomposición química)

Porosa
(reducción de óxidos)

Angular
(desintegración mecánica, carbonilo Ni)

Cabe destacar que conviene tener granos o polvos con forma irregular, pues evitan que se formen huecos entre granos.

1. Atomización del metal fundido: la atomización implica la obtención de los polvos metálicos por la pulverización de un chorro de metal en estado líquido. Su fraccionamiento en gotas se produce antes de la solidificación de este metal. Esta pulverización del chorro puede realizarse de varias formas:

– Gas o agua a presión.

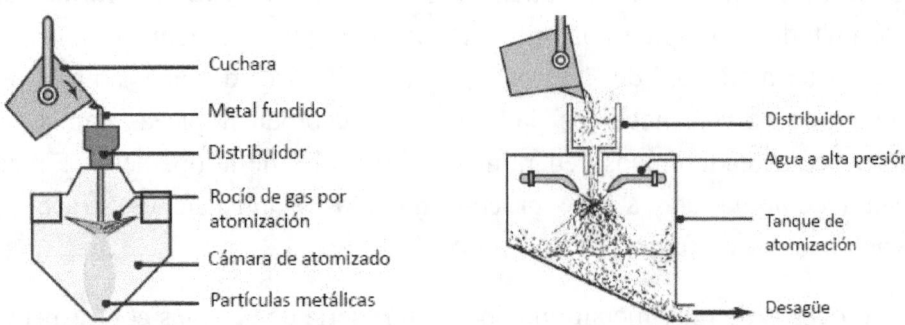

– Energía centrífuga: el flujo de metal cae en un disco que gira rápidamente; separando la corriente y generando pequeñas partículas.

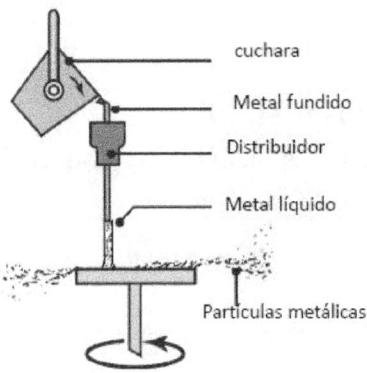

– Electrodo giratorio consumible: es una variación del método de energía centrífuga. Un electrodo consumible se hace girar rápidamente en una cámara llena de helio. La fuerza centrífuga rompe la punta del electrodo fundido en partículas metálicas. Este método genera los polvos de mayor pureza.

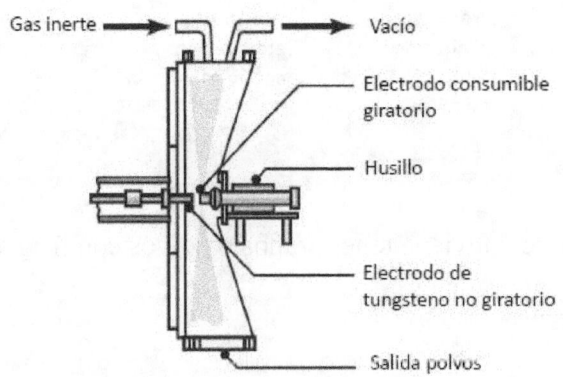

2. Reducción de óxidos: este método utiliza gases, por ejemplo el hidrógeno y el monóxido de carbono, como agentes reductores. Por este medio, los óxidos metálicos muy finos se reducen al estado metálico. Los polvos producidos son porosos y tienen formas esféricas o angulares de tamaño uniforme.

Suele emplearse para la obtención de polvos de Fe, Cu, W y Mo desde sus óxidos.

3. Electrodeposición: utiliza soluciones acuosas o bien sales fundidas. Los polvos producidos se encuentran entre los más puros disponibles.

4. Procesos mecánicos: destacamos dos procesos:

– Molienda: implica el aplastamiento o molido de metales frágiles o menos dúctiles en pequeñas partículas. Esto se hace a través de rodillos, molinos de bolas o molinos de martillos.

Un molino de bolas es una máquina con un cilindro hueco giratorio parcialmente lleno de bolas de acero. Las partículas colocadas en este dispositivo son impactadas constantemente por las bolas de acero a medida que el cilindro gira, haciéndolas más pequeñas, produciendo el polvo metálico deseado.

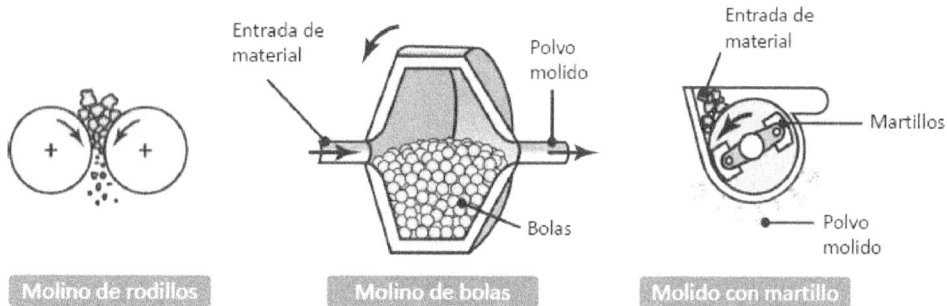

– Aleación mecánica: los polvos de dos o más metales puros se mezclan en un molino de bolas. Bajo el impacto de las duras bolas, los polvos se fracturan y enlazan entre sí por difusión, formando polvos aleados.

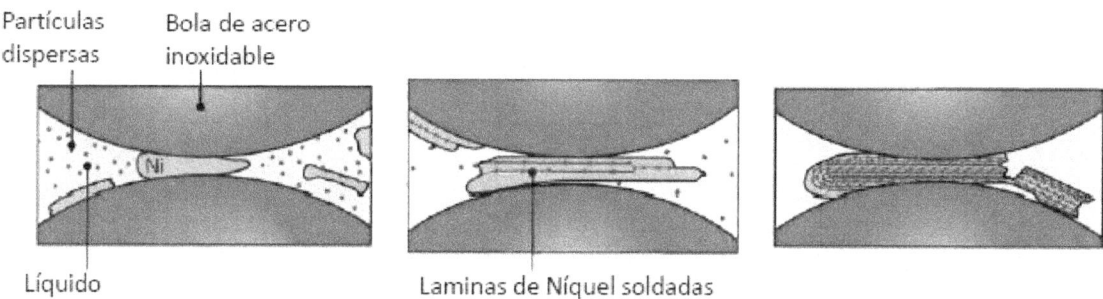

10.2 Mezclado de polvos metálicos

El mezclado o la combinación de polvos es el siguiente paso en el procesamiento de la metalurgia de polvos y se lleva a cabo con los siguientes propósitos:

- Los polvos de diferentes metales y otros materiales pueden mezclarse con el fin de impartirle propiedades y características físicas y mecánicas especiales al producto. Las mezclas de metales pueden producirse mediante la aleación del metal antes de crear un polvo y por combinaciones. Un mezclado correcto resulta esencial para garantizar la uniformidad de las propiedades mecánicas en toda la pieza.
- Obtener también combinaciones uniformes en función del tamaño o geometría de las partículas metálicas.
- Mezclar lubricantes con los polvos para mejorar sus características de flujo.
- Añadir ciertos aglutinantes.

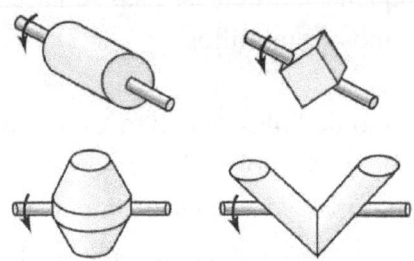

10.3 Compactación

La compactación es una etapa en la que los polvos mezclados se presionan en matrices. Los objetivos de esta compresión es: (a) obtener la forma, la densidad y el contacto de partícula a partícula que se requieren y (b) hacer que la pieza sea lo suficientemente resistente para su posterior procesamiento. El polvo, denominado *materia prima*, se suministra a la matriz mediante una zapata de alimentación, donde se presionan estos polvos. El proceso tiene lugar, en general, a temperatura ambiente.

Al polvo presionado se le conoce como *comprimido en verde* porque tiene baja resistencia y alta fragilidad. La densidad del comprimido depende de las fuerzas de compresión ejercidas por el punzón.

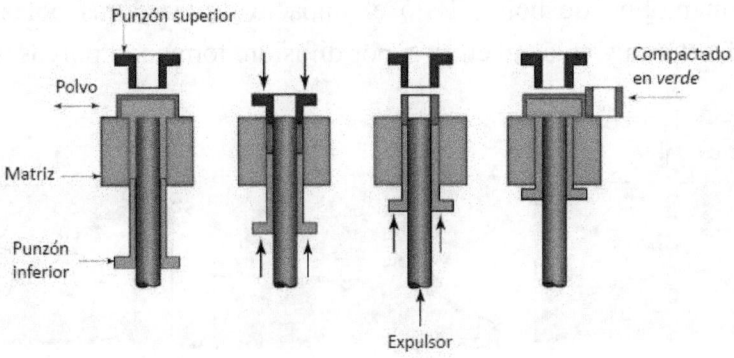

Dentro de los procesos de compactación, destacamos:

1. <u>Compactación uniaxial</u>: El movimiento del punzón se realiza en un solo eje.

   – <u>Prensado de simple efecto</u>: sólo un punzón es el que efectúa el movimiento de avance. Permite controlar la variación de densidad.

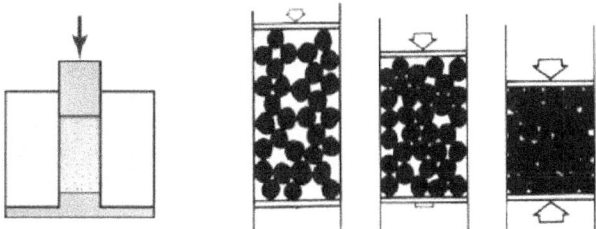

   – <u>Prensado de doble efecto</u>: son los punzones situados en el mismo eje los que avanzan con sentidos opuestos. Se logra obtener una densidad uniforme.

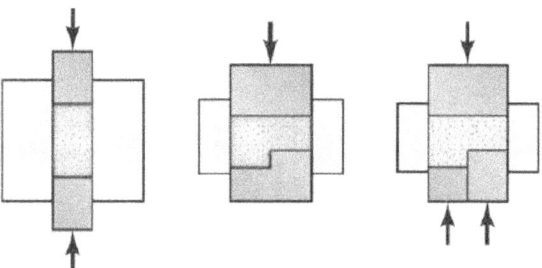

2. <u>Prensado isostático</u>: en este tipo de prensado, el polvo metálico se comprime por medio de fluidos. Dependiendo de la temperatura a la que se realice este proceso distinguimos:

   – En el <u>prensado isostático en caliente (HIP)</u>, el recipiente suele estar hecho a partir de una lámina metálica con alto punto de fusión, y el medio de presurización es un gas inerte a alta temperatura, aproximadamente a unos 1200 °C.

   Las principales ventajas del HIP son su capacidad para producir comprimidos con densidades cercanas al 100%, una buena unión metalúrgica entre las partículas y buenas propiedades mecánicas.

   Este proceso se utiliza principalmente para producir componentes de superaleaciones para las industrias aeroespacial o militar. Siendo su volumen de producción significativamente bajo.

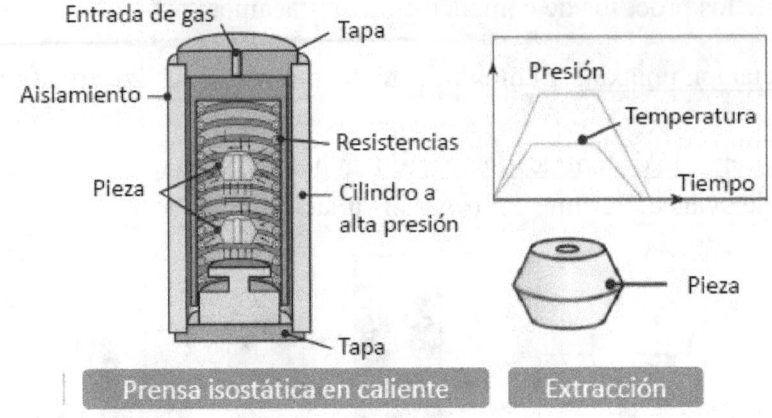

Prensa isostática en caliente   Extracción

– En el prensado isostático en frío (CIP), el polvo metálico se coloca en un molde de hule flexible de neopreno. Después, este conjunto se presuriza hidrostáticamente en una cámara usando, por lo general, agua. No es necesario elevar la temperatura del medio.

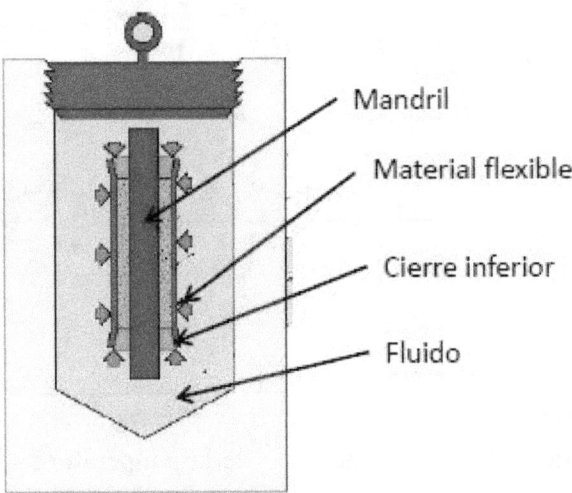

3. Laminado de polvo: también llamado compactación por rodillo. En este proceso, el polvo metálico se introduce en el espacio que hay entre dos rodillos de un molino de laminado y se compacta en una tira continua.

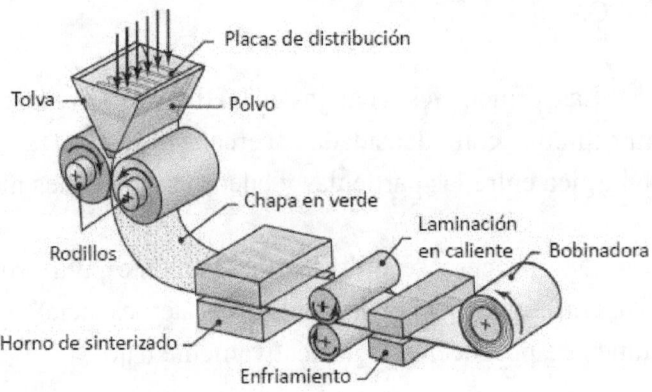

4. Deposición por rocío o aspersión: el material es depositado directamente sobre un molde que nos permite obtener una preforma.

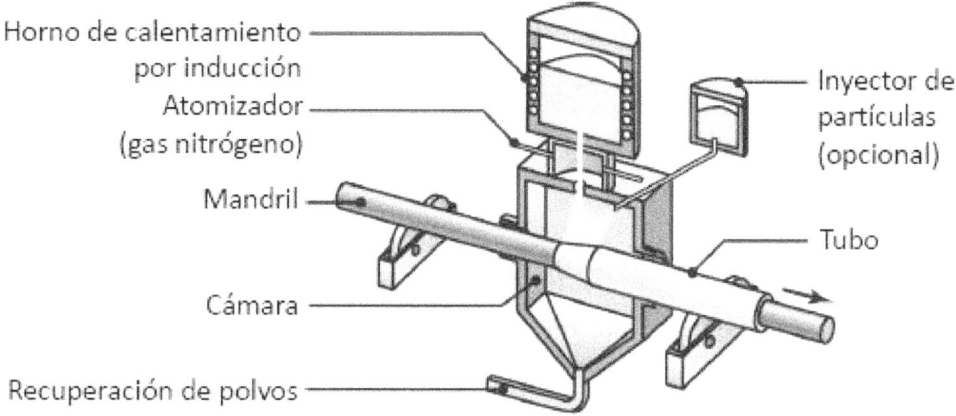

10.4 Sinterizado

Tal como describimos anteriormente, el comprimido en verde es frágil y su resistencia es baja. El *sinterizado* es un proceso mediante el cual se calientan comprimidos en verde, en un horno de atmósfera controlada, a una temperatura por debajo del punto de fusión del metal, pero lo suficientemente alta como para permitir la unión de las partículas individuales e impartir resistencia a la pieza.

Las principales variables involucradas en el sinterizado son la temperatura (aproximadamente de un 70% de la temperatura de fusión), el tiempo y la atmósfera del horno.

Hay que tener en cuenta también que la pieza puede sufrir una ligera contracción.

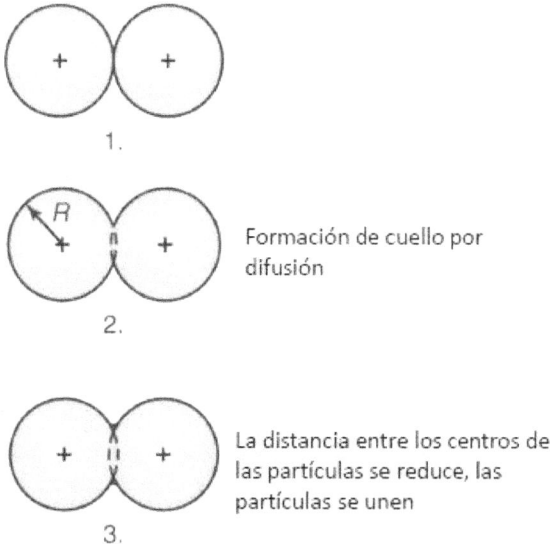

10.5 Resumen general

Con el siguiente esquema se resume de forma muy concisa las etapas que conlleva conformar una pieza a través de un proceso de pulvimetalurgia.

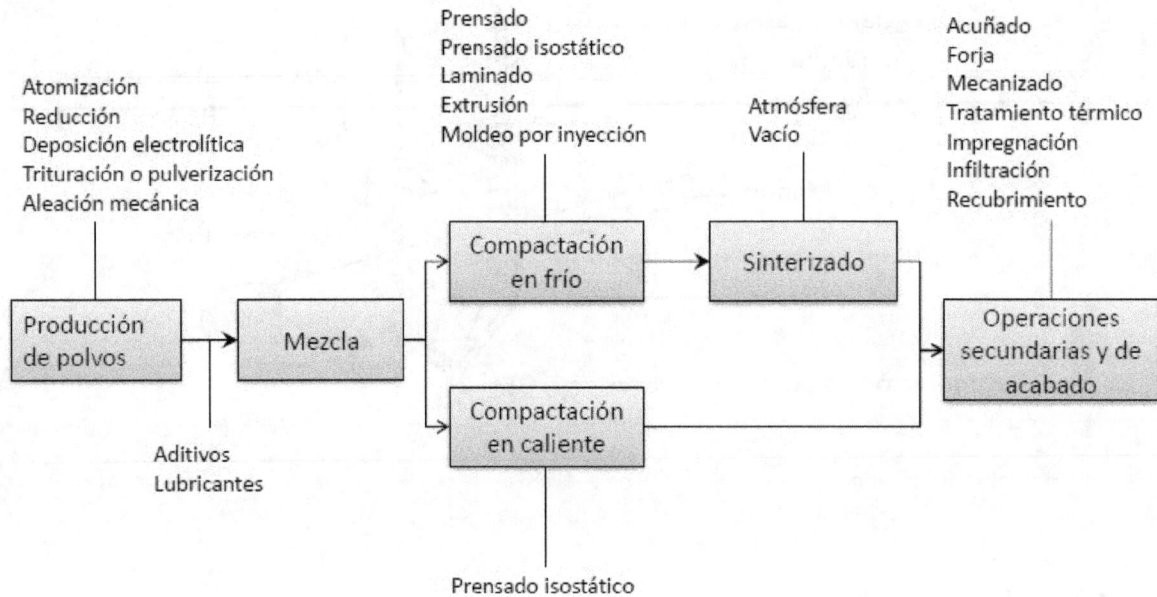

CAPÍTULO 11: Plásticos. Proceso de extrusión y sus derivados

Debido a sus muchas y particulares propiedades, los polímeros reemplazan cada vez con mayor frecuencia a componentes metálicos en aplicaciones tales como automóviles, aviones, artículos deportivos, juguetes o equipos de oficina. Estas sustituciones reflejan las ventajas de los polímeros en cuanto a las siguientes características: (a) relativamente bajo coste, (b) resistencia a la corrosión y a agentes químicos, (c) baja conductividad eléctrica y térmica, (d) baja densidad, (e) alta relación resistencia-peso, (f) amplio rango de colores y transparencias, (g) posibilidad de diseños complejos y facilidad de manufactura, entre otras. No obstante, posee una estabilidad dimensional baja cuando es sometido a cargas (se deforma), lo que hace que el empleo del metal siga siendo irremplazable.

11.1 Plásticos: clasificación y características

La palabra *plástico* se emplea habitualmente como sinónimo de *polímero*. Los polímeros son macromoléculas formadas por la unión de moléculas más pequeñas llamadas *monómeros*. Se caracterizan por ser moléculas de cadena larga que se forman por un proceso de polimerización; es decir, mediante el enlace y el enlace cruzado de diferentes monómeros.

Dependiendo de cómo sea la disposición de las cadenas de monómeros dentro de un material plástico, su comportamiento y características variarán notablemente. Destacamos especialmente la clasificación de los polímeros en función de su comportamiento frente a la temperatura:

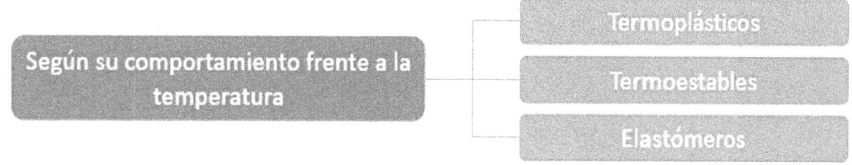

- Termoplásticos: debido a los débiles enlaces que poseen las cadenas entre sí, pueden transformarse y moldearse tras aplicarles calor. Según la disposición de las cadenas de monómeros distinguimos entre termoplásticos amorfos o parcialmente cristalinos. A las cadenas alineadas en estos últimos se las denomina *cristalitas*.

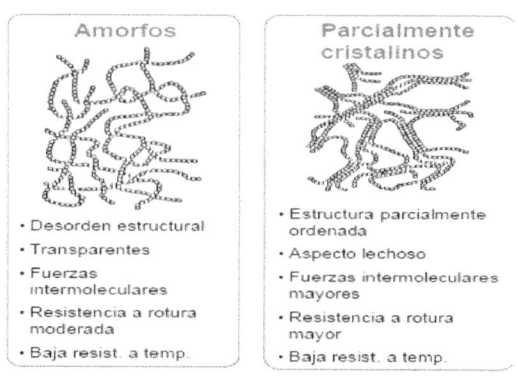

– <u>Termoestables</u>: las cadenas de monómeros comparten entre sí moléculas en común. En este tipo de plásticos las cadenas se encuentran muy reticuladas, por lo que sólo podremos moldearlos tras aplicar procesos químicos que nos permitan romper esos enlaces covalentes en los "puntos de cruce" entre las cadenas.

- Desorden estructural
- Muy reticulados
- Enlaces covalentes
- Resistencia muy alta
- Rígidos
- Alta resist. a la temp.

– <u>Elastómeros</u>: estructuralmente se encuentran a medio camino entre los termoplásticos y los termoestables. Posee características por lo tanto intermedias.

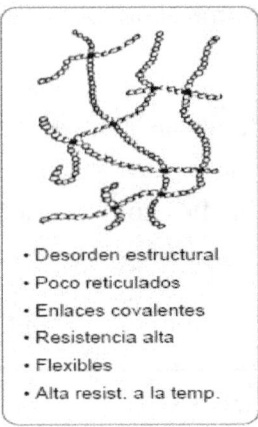

- Desorden estructural
- Poco reticulados
- Enlaces covalentes
- Resistencia alta
- Flexibles
- Alta resist. a la temp.

Por lo tanto, una gráfica que ejemplifica este comportamiento a la temperatura:

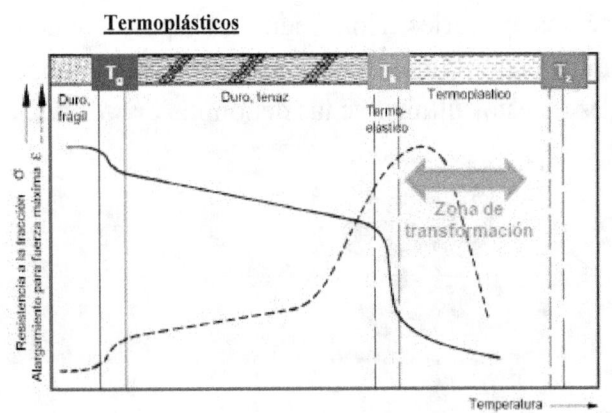

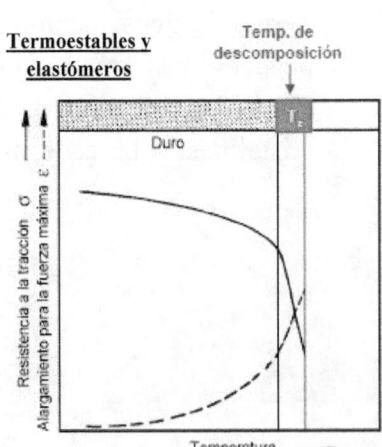

11.2 Clasificación de los procesos de transformación

A continuación se adjunta un esquema que enumera aquellas procesos que vamos a estudiar más en profundidad en este capítulo y el siguiente, dedicados ambos a los procesos de transformación del plástico.

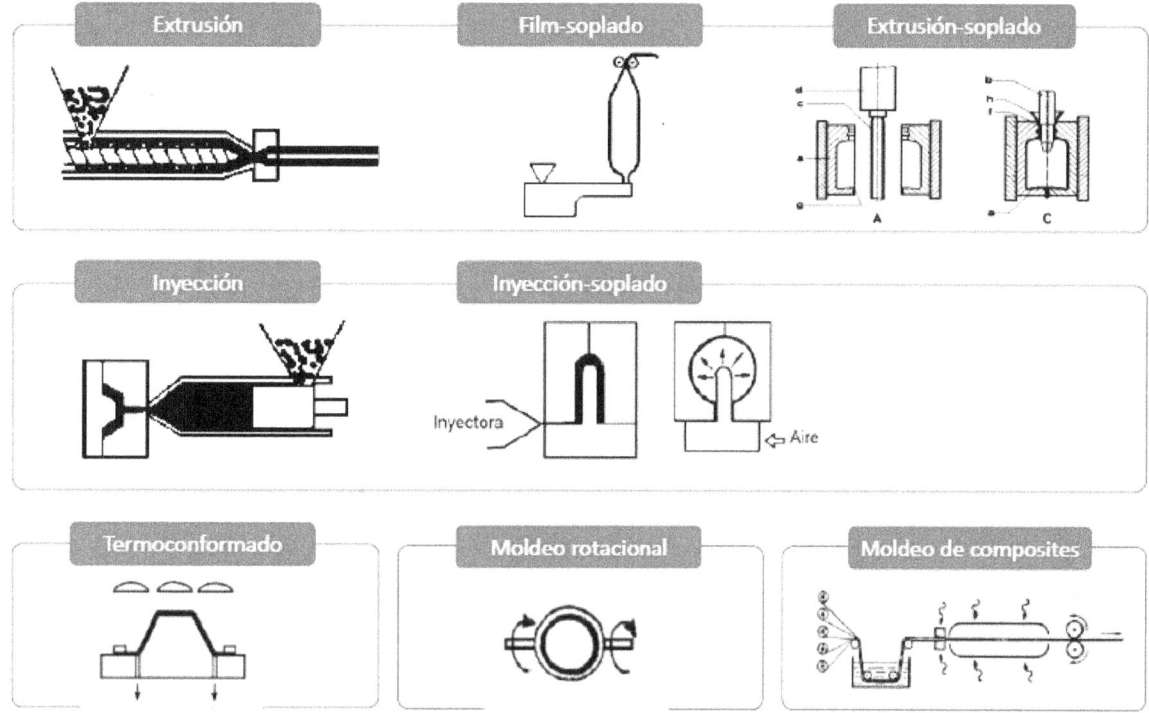

11.3 Proceso de extrusión

En la extrusión, que produce el mayor volumen de plásticos, las materias primas en forma de *pellet*, partículas o polvos de termoplásticos se colocan en una tolva y se introducen en el barril de un *extrusor de tornillo*. El barril está equipado con un tornillo helicoidal que desarrolla presión en el barril, mezcla los pellets y los transporta hacia la parte delantera del barril. Los calentadores que abrazan el barril y la fricción interna creada por la acción mecánica del tornillo, calientan y licuan los pellets.

Los tornillos tienen tres secciones distintas:

1. <u>Sección de alimentación</u>: transporta el material desde la tolva hasta la región central del barril.

2. <u>Sección de fusión</u>: también llamada *sección de compresión* o *transición*. El calor generado por el rozamiento de los pellets plásticos y por los calentadores externos causan el inicio de la fusión.

3. <u>Sección de bombeo</u>: se produce una elevación de la presión para expulsar finalmente el material fundido por la boca de la matriz.

Las longitudes de estas secciones individuales del barril pueden cambiarse para adaptarse a las características de fusión de diferentes tipos de plásticos. Por lo general, se coloca un *filtro de criba* justo antes de la boquilla para eliminar aquellos componentes que no se han fundido correctamente. Además, entre el filtro de criba y la matriz de extrusión se coloca una *placa rompedora*, cuya función principal es la de eliminar la componente rotacional del material a la salida de la matriz generada por el giro del husillo. El producto extruido se enfría, generalmente por exposición al aire soplado o al hacerlo pasar a través de un canal lleno de agua.

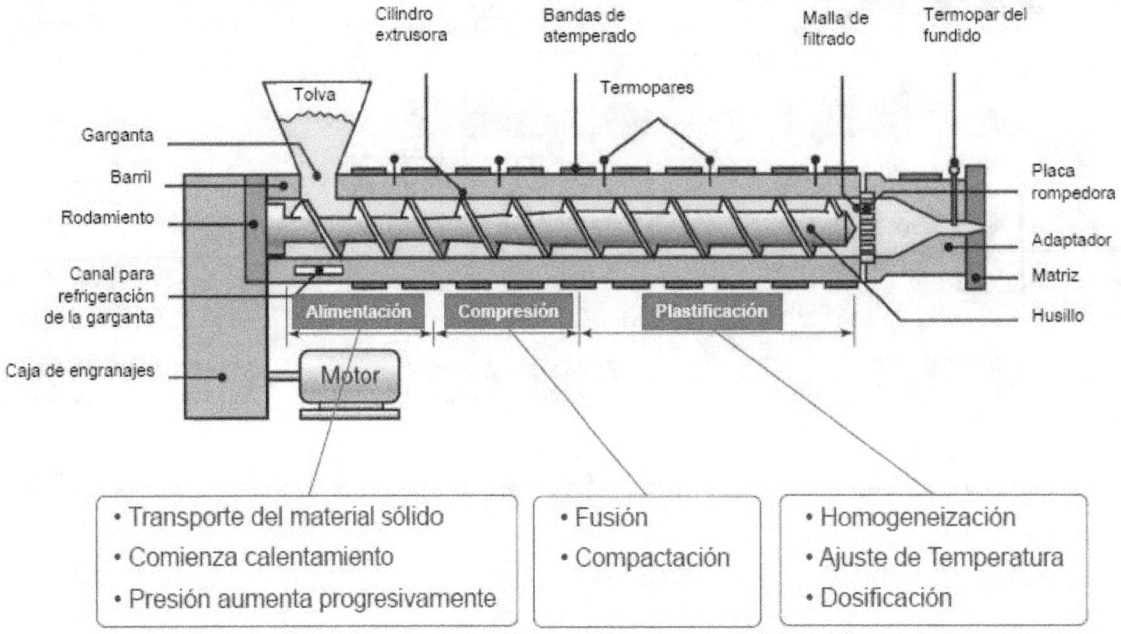

Los procesos de extrusión de plásticos permiten obtener productos continuos, muy largos, con una sección transversal constante. Hablamos por lo tanto de un proceso que transforma un gran volumen de material a una baja relación coste/volumen.

Cabe señalar también una serie de relaciones geométricas que son de vital importancia a la hora de planificar el proceso:

- Relación de compresión: es la relación que hay entre el volumen que hay entre la primera vuelta del husillo y la última. Suele ir de 2:1 hasta 4:1.

- Relación longitud-diámetro (L/D): relación de la longitud del barril sobre su diámetro. Valores normales se sitúan entre 16:1 y 20:1.

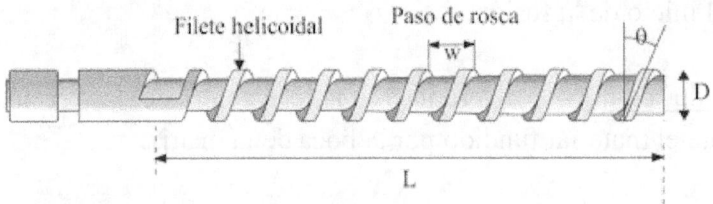

Componente vital del proceso son también las matrices de extrusión. Con ellas damos forma a las secciones transversales de nuestro producto. Con ellas podemos dar formas tubulares, con la ayuda de mandriles; perfiles complejos o laminares.

Para tubos

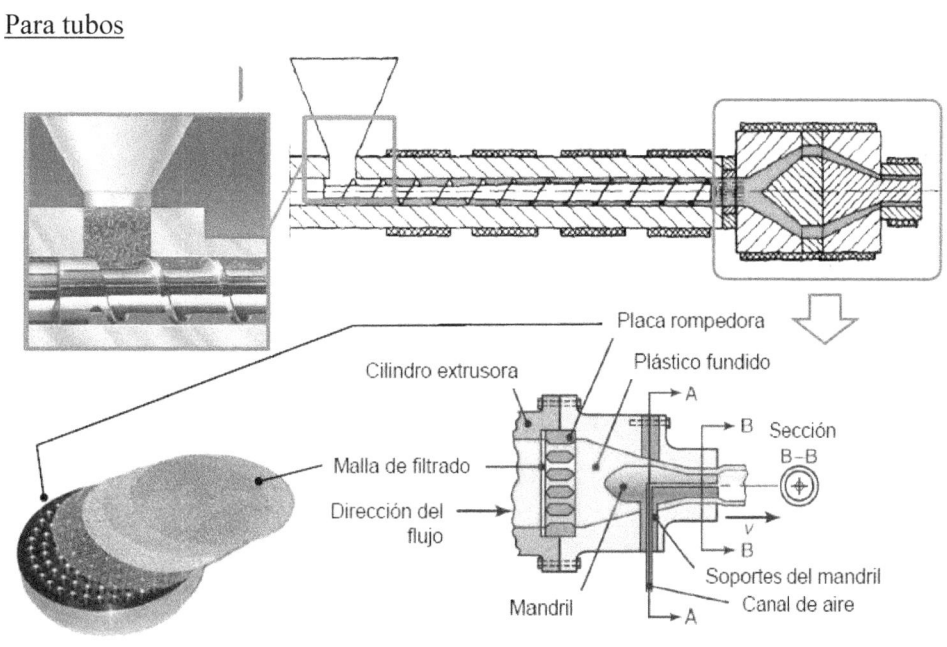

Para perfiles

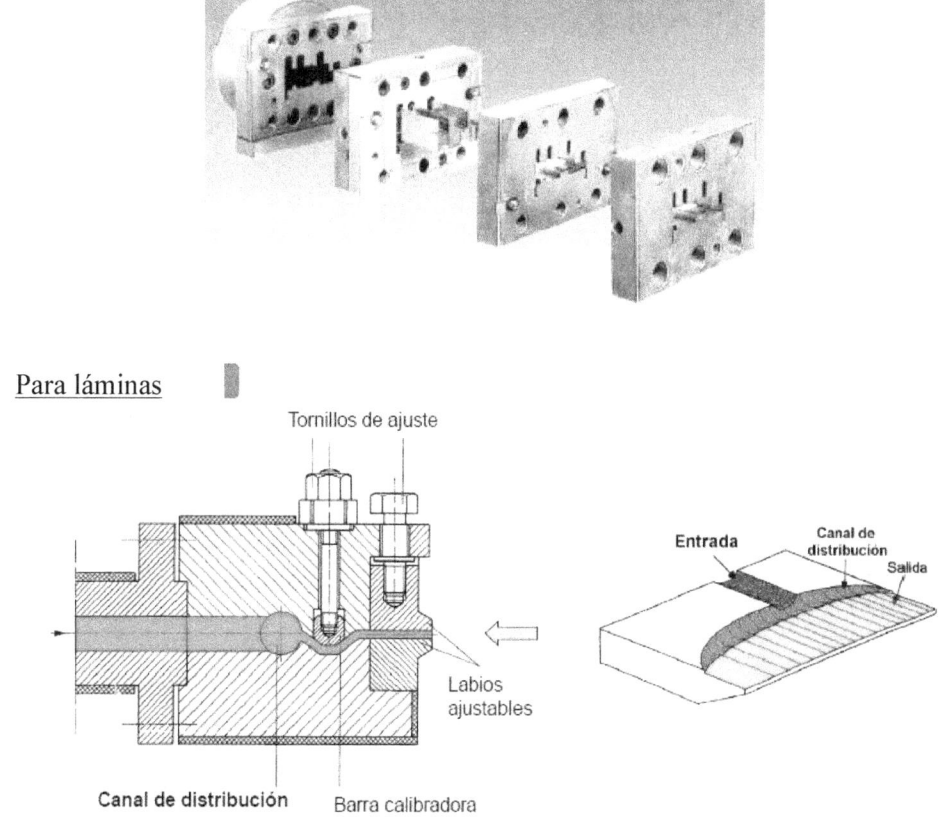

Para láminas

Tras ser extruido nuestro perfil, debemos asegurarnos de enfriar el material para que mantenga la forma deseada; al mismo tiempo que debemos comprobar que ese perfil encaja con nuestras exigencias. Pasamos por tanto a la fase de refrigeración y calibración. Ejemplos gráficos de este proceso aplicado a tubos son:

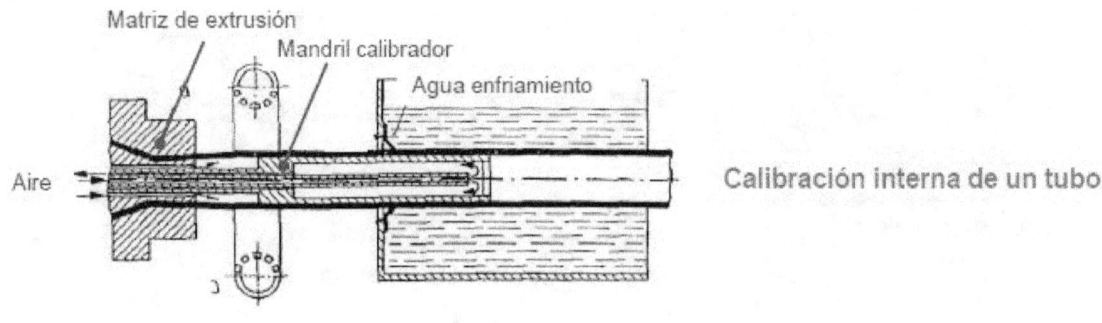

Calibración interna de un tubo

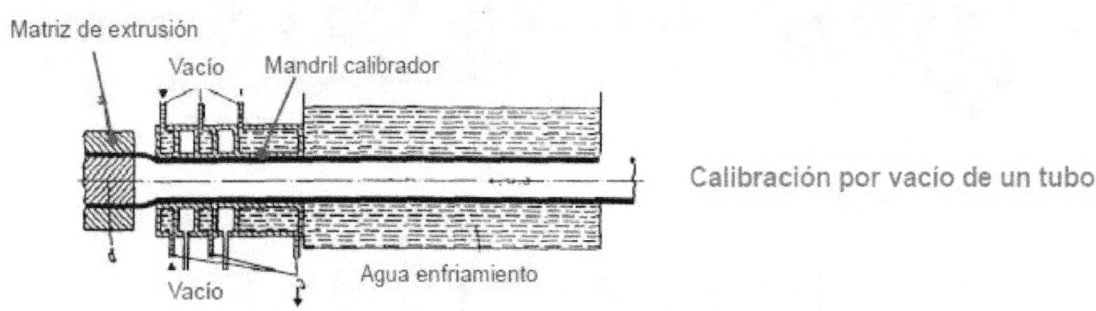

Calibración por vacío de un tubo

Por último, el producto pasa a un tren de estirado, cuya función es la de continuar con el avance del producto continuo y la de disponer el material para su posterior bobinado (producto flexible) y corte (producto rígido).

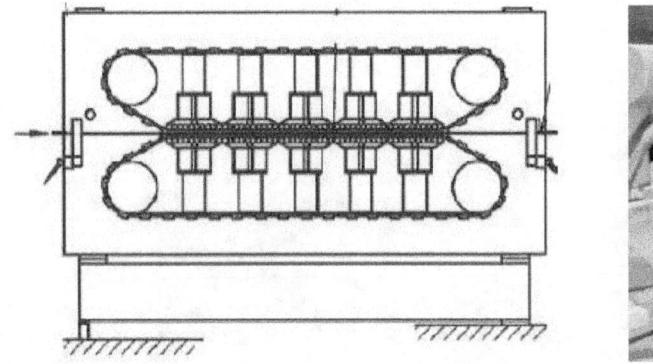

11.4 Procesos derivados de la extrusión

En este último apartado, destacaremos los procesos derivados de la extrusión más empleados en el industria actual:

- Recubrimientos de cables eléctricos: se extruyen al mismo tiempo tanto el cable como el plástico a una velocidad controlada.

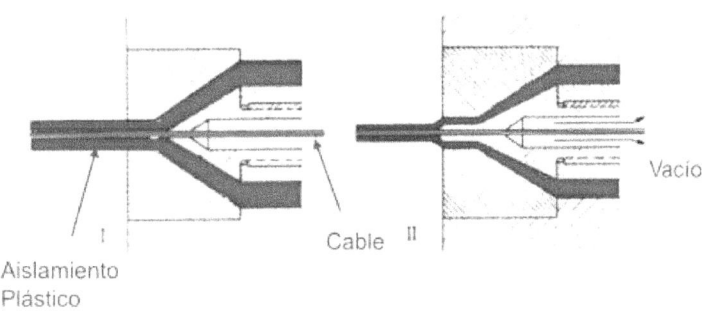

- Coextrusión: implica la extrusión simultánea de dos o más polímeros a través de una sola matriz. El resultado es una sección transversal que contiene diferentes polímeros, cada uno con sus propias características. Por lo general, este proceso se realiza en forma de láminas planas o tubos.

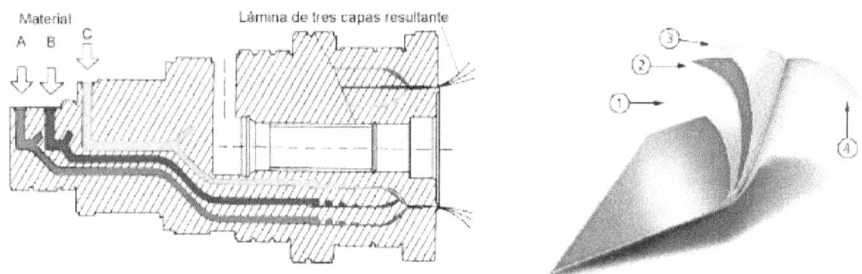

- Film-soplado: en este proceso, un tubo se extruye verticalmente, se estira de manera continua y se expande en forma de globo mediante el soplado de aire a través del centro de la matriz de extrusión hasta que se alcanza el espesor de película deseado. Este el método clásico en la fabricación de bolsas de plástico.

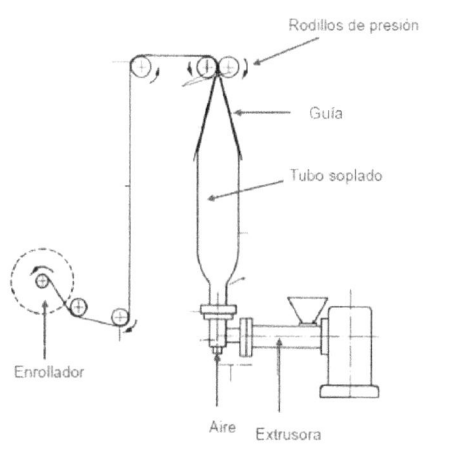
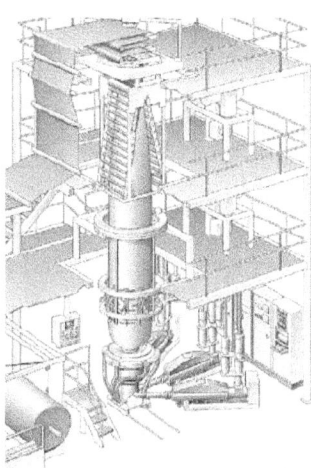

– Extrusión-soplado: sobre el material recién salido de la matriz, se cierra un molde junto con una boquilla que introduce aire a alta presión. El polímero se infla y expande, adhiriéndose a las paredes interiores del molde y obteniendo la forma deseada. Este proceso se emplea sobre todo para obtener recipientes industriales.

La caída del material es continua. Para ello, o se detiene durante un instante breve la extrusión y se coloca otro molde; o se mantiene la caída del material y se cambia rápidamente el molde.

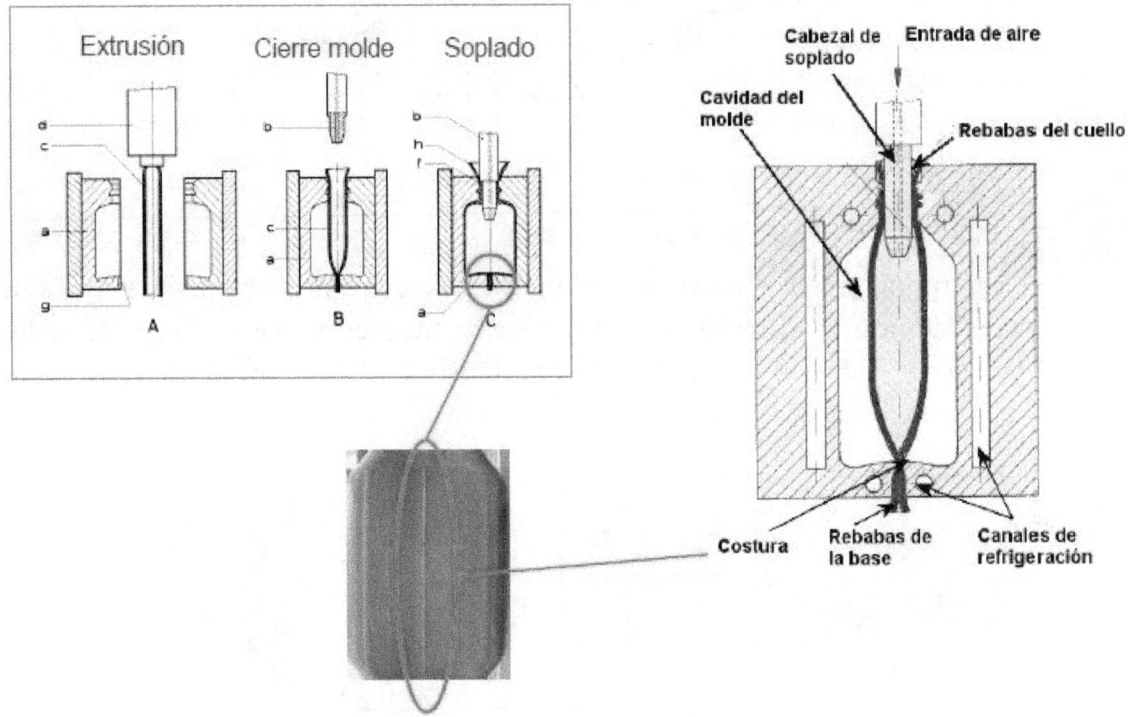

CAPÍTULO 12: Plásticos. Proceso de inyección y derivados. Moldeo y termoconformado

12.1 Moldeo por inyección

En este proceso, los pellets se introducen en el cilindro calentado a través de una tolva y el polímero plastificado es forzado a entrar en el molde, ya sea mediante (a) un émbolo hidráulico o por el sistema de (b) tornillo giratorio de un extrusor. Tal como en la extrusión de plástico, el barril o cilindro se calienta externamente para promover la fusión del polímero. No obstante, la mayor parte del calor necesario en el proceso procede de la fricción entre las partículas de plástico.

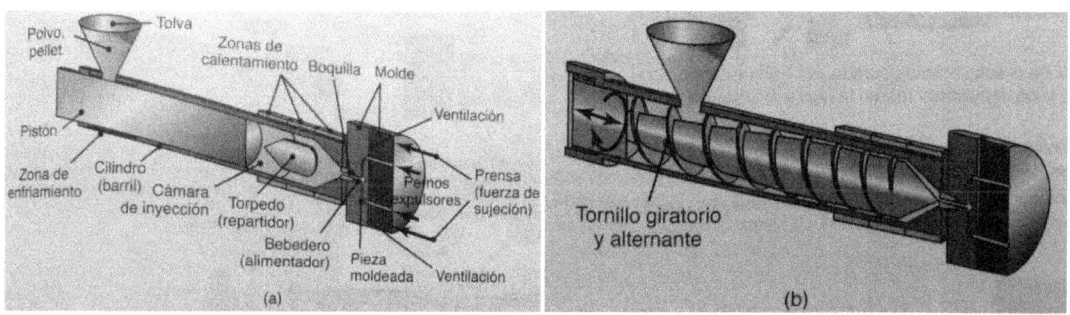

En este capítulo, vamos a centrarnos por su mayor complejidad en el molde por inyección mediante tornillo giratorio o husillo. Primero, (a) el material es introducido al barril a través de una tolva en forma de pellets. (b) La rotación del husillo logra transportar hacia delante estos granos de material, comprimiéndolos a medida que avanzan. (c) El plástico se calienta por el propio rozamiento entre los pellets y por la presencia de unas bandas de atemperado que abrazan el barril por el exterior. (d) El material fundido es almacenado en la parte delantera del barril. Esto es lo que se conoce como *fase de plastificación*. A medida que se va acumulando material en la parte frontal, el husillo retrocede. Cuando este retrocede hasta cierto punto, el cual se fija previamente, (e) un cilindro hidráulico permite avanzar al husillo por el barril (f) inyectando el plástico fundido directamente en la cavidad del molde, dando lugar a la *fase de inyección*. Hay que tener en cuenta que debido a la contracción del plástico al enfriarse, se inyecta un 15% más del volumen del molde. Tras ser inyectado, (g) se mantiene la presión durante el endurecimiento del material en el molde para compensar la contracción volumétrica en el cambio de estado. Una vez endurecida la pieza en el molde, (h) este se abre y se expulsa la pieza. Esta última fase es la *fase de expulsión y desmoldeo*. El husillo retrocede y se inicia nuevamente el proceso.

Cabe destacar que dentro del barril, sobre el propio husillo, existe una *válvula antirretorno*. El objetivo de este componente fundamental es el de mantener el material fundido en la parte delantera del barril, evitando que este retroceda nuevamente.

Gráficamente, el ciclo de tiempo para este proceso se ve reflejado en la siguiente imagen:

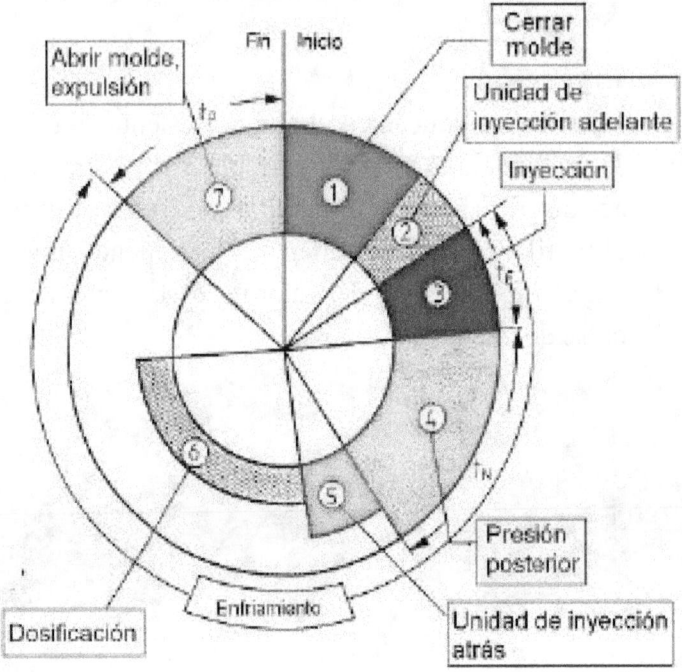

La maquinaria empleada en este proceso se conoce como máquina inyectora. Tiene dos partes principales: la *unidad de inyección* y la *unidad de cierre y apertura de moldes*. Todo esto está compuesto, como puede verse en la imagen, por los siguientes componentes:

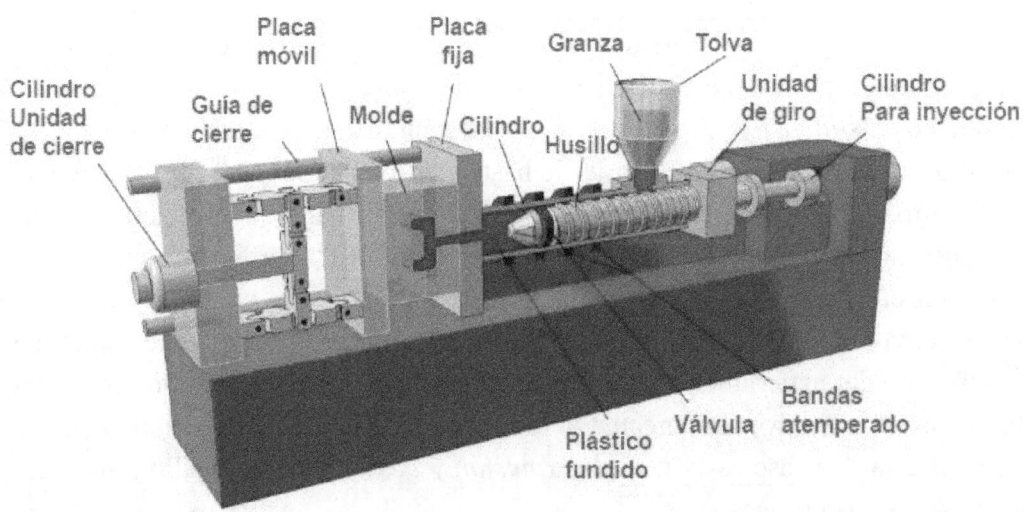

Las partes más importantes de esta máquina, y las que condicionan en mayor medida el coste del proceso, son el husillo o tornillo giratorio y el molde. Por ello vamos a continuación a realizar un breve análisis de ambos componentes.

El husillo, al igual que en procesos de inyección, tiene el objetivo de permitir el avance del material hacia la boquilla de inyección, aumentar la presión en el interior del barril y lograr la fundición de las partículas de plástico aumentando la fricción entre ellas. En este caso, al no ser un proceso continuo, se hace necesario la presencia de una válvula antirretorno, o *check valve*, para hacer posible la acumulación de material fundido a la cabeza del husillo.

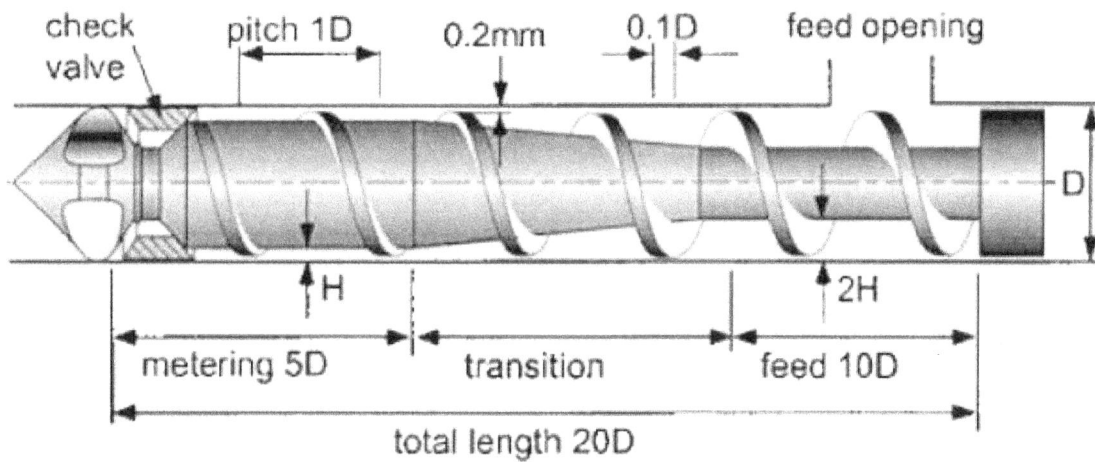

De igual modo, tenemos varias relaciones en este proceso de gran importancia de cara a la planificación del mismo:

- Relación de compresión: es la relación que hay entre el volumen que hay entre la primera vuelta del husillo y la última. Suele ir en husillos de inyección desde 2:1 hasta 3:1.

- Relación longitud-diámetro (L/D): relación de la longitud del barril sobre su diámetro. Valores normales se sitúan entre 16:1 y 20:1.

- Capacidad de plastificación: es el número de kilogramos de material por hora que una máquina es capaz de calentar a una temperatura adecuada para la inyección.

En cuanto a los moldes de inyección, decir que constituyen el elemento más caro de todo el proceso. Una mala elección del mismo puede llevar al proceso a una región de inviabilidad económica. Por ello, es importante analizar bien nuestras necesidades en planta. Por lo general, están hechos de acero para herramienta, cobre berilio o aluminio; estando ordenados por orden descendente en función de su vida útil.

Atendiendo a la forma en la que el material entra en ellos, distinguimos básicamente tres tipos de molde:

1. <u>Molde de dos placas y canal frío</u>: consta de dos placas separables a temperatura ambiente. Se produce por lo tanto una solidificación de todo el material, incluyendo el residual de la boquilla de inyección.

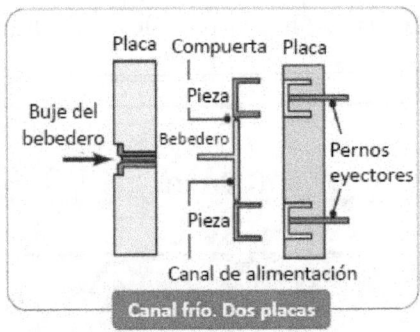

2. <u>Molde de tres placas y canal frío</u>: consta de tres placas separables a temperatura ambiente. Se produce por lo tanto una solidificación de todo el material, incluyendo el residual de la boquilla de inyección y de los canales.

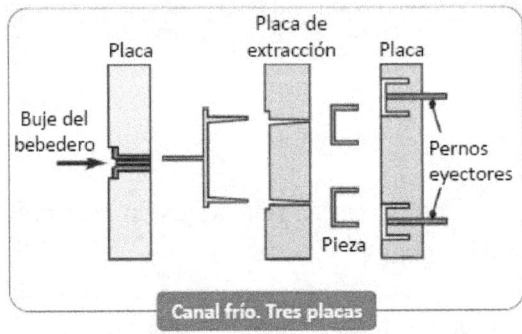

3. <u>Molde con canal caliente</u>: consta de una placa caliente que evita la solidificación del plástico fundido y que sirve de canal. Se produce por lo tanto una solidificación del material en una placa posterior. Este tipo de molde reduce las operaciones de acabado al no haber prácticamente solidificación de elementos ajenos a la pieza final.

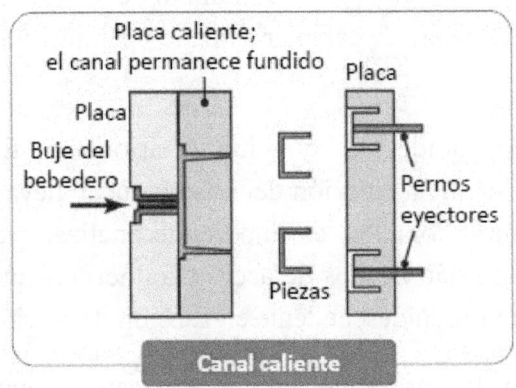

12.2 Procesos derivados de la inyección

De entre los muchos procesos que derivan de la inyección destacamos los más importantes:

– Inyección multicomponente: en este procedimiento se inyectan dos o más materiales en un molde, uniéndose de forma inseparable.

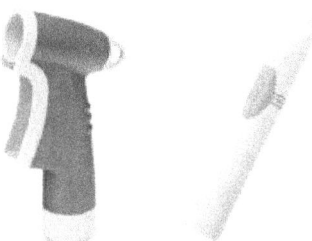

– Inyección decorativa en molde: permite agregar motivos gráficos decorativos a la superficie de la pieza, disponiendo un film con la decoración directamente en el molde, antes de realizar la inyección.

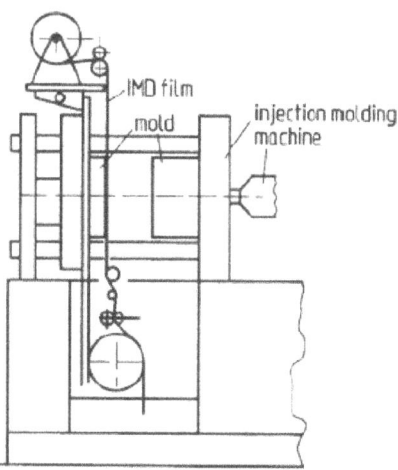

– Inyección con insertos metálicos: los insertos metálicos se colocan en la cavidad del molde antes de la inyección y después se convierten en parte integral del producto moldeado.

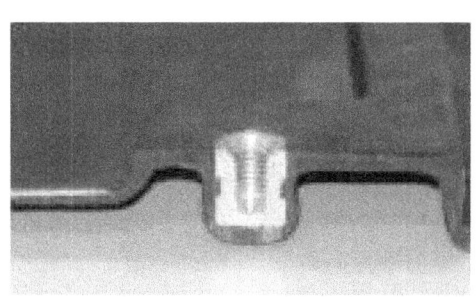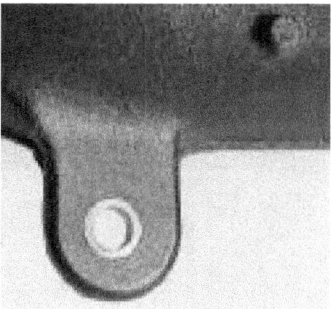

– Moldeo por reacción-inyección (RIM): un monómero y dos o más reactivos se mezclan a alta velocidad y se fuerza su entrada en la cavidad del molde. Las reacciones químicas ocurren con rapidez en el molde y el polímero se solidifica en unos 10 minutos. Los polímeros que se obtienen normalmente son poliuretano, nailon y resina epoxi.

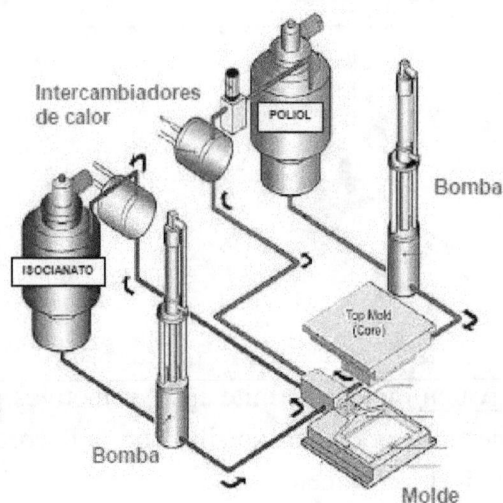

– Inyección soplado: primero, una forma tubular corta (preforma o *parison*) se moldea por inyección en moldes fríos. Los moldes se abren y se extrae esa preforma.

Preforma

Esta preforma se conduce hasta la siguiente fase de la producción. En ella, se vuelve a introducir esta preforma en un molde. Esta vez, añadiendo calor a la preforma e inyectando aire a la preforma, logramos que el material se expanda y tome con gran precisión la forma interior del molde. Una vez enfriado, obtenemos nuestro producto terminado. Este método se emplea habitualmente para la fabricación de botellas de plástico.

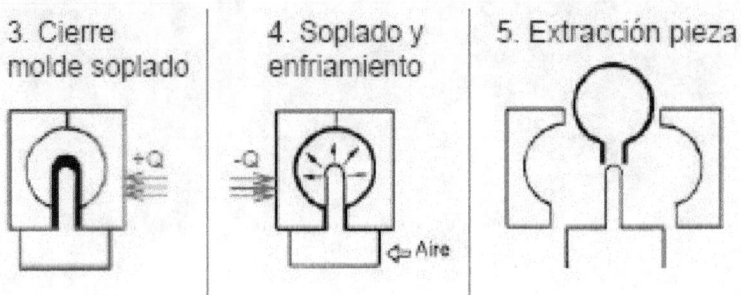

12.3 Moldeo rotacional

La mayoría de los termoplásticos y algunos termofijos pueden formarse en piezas grandes y huecas mediante moldeo rotacional o *rotomoldeo*. En este proceso, un molde metálico de pared delgada está hecho en dos piezas y está diseñado para girar alrededor de dos ejes perpendiculares. Para cada pieza, se coloca una cantidad medida previamente de material plástico en polvo dentro del molde tibio. Después, el molde se calienta, por lo general en un horno, y se hace girar continuamente sobre sus dos ejes principales. Esta acción hace caer el polvo contra el molde, donde el calor lo fusiona, pero sin derretirlo. Al final, obtenemos una pieza de plástico totalmente hueca con la forma del molde.

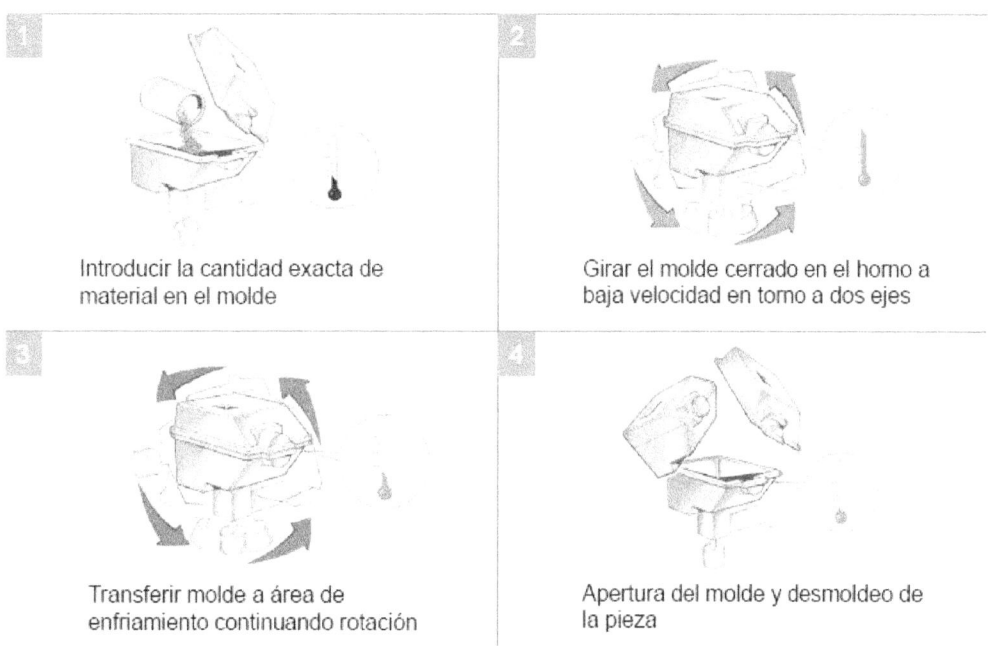

1. Introducir la cantidad exacta de material en el molde	2. Girar el molde cerrado en el horno a baja velocidad en torno a dos ejes
3. Transferir molde a área de enfriamiento continuando rotación	4. Apertura del molde y desmoldeo de la pieza

12.4 Termoconformado

El termoconformado es un proceso para dar forma a láminas exclusivamente termoplásticas en un molde mediante la aplicación de calor y presión. En este proceso, una lámina (a) se sujeta y calienta hasta el reblandecimiento de la misma y (b) se fuerza contra las superficies del molde aplicando vacío o presión de aire. Para ayudar a formar las piezas, también pueden utilizarse previamente medios mecánicos con el objetivo de que la deformación por presión o vacío no sea tan exigente. Este tipo de procesos se utiliza para la fabricación de envase, en mayor medida. Posee las siguientes características principales:

- Moldes y máquinas de bajo coste.
- Alto coste de material de desperdicio.
- Relativa baja temperatura.
- Formas de las piezas limitadas.

En función de cómo se produzca estas deformaciones destacamos cuatro tipos de realizar procesos de termoconformado:

1. <u>Termoconformado en negativo</u>: el molde tiene la forma en negativo de la pieza que se desea obtener. La pieza de partida es una lámina de termoplástico.

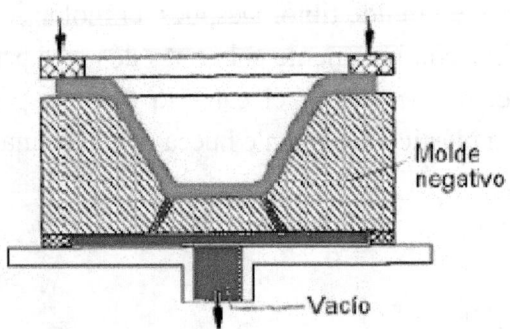

2. <u>Termoconformado en negativo con preestirado mecánico</u>: en esta ocasión, la pieza de partida ha sido sometida a un proceso mecánico previo para favorecer la deformación.

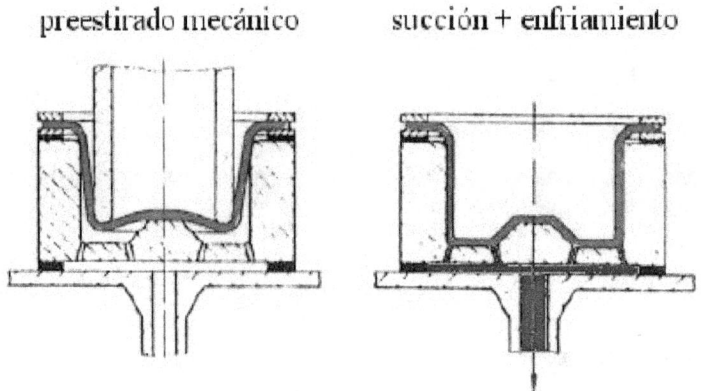

3. <u>Termoconformado en positivo con preestirado mecánico</u>: en esta ocasión, la pieza de partida ha sido sometida a un proceso mecánico previo para favorecer la deformación.

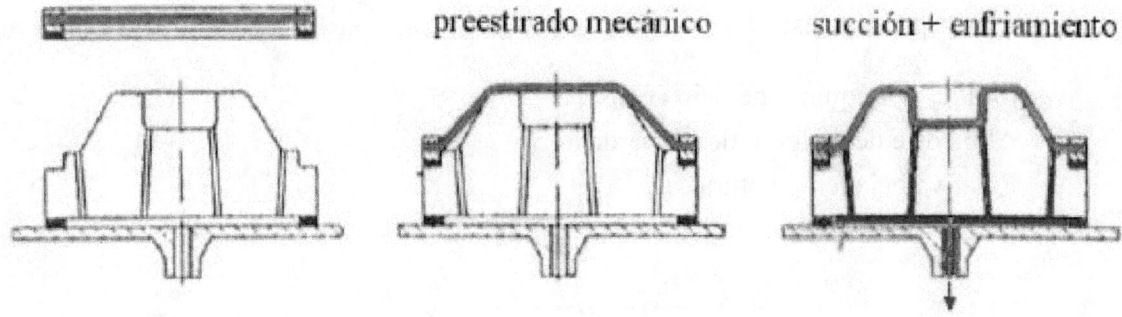

4. Termoconformado en positivo con preestirado plástico: la deformación de la pieza de partida es una deformación plástica.

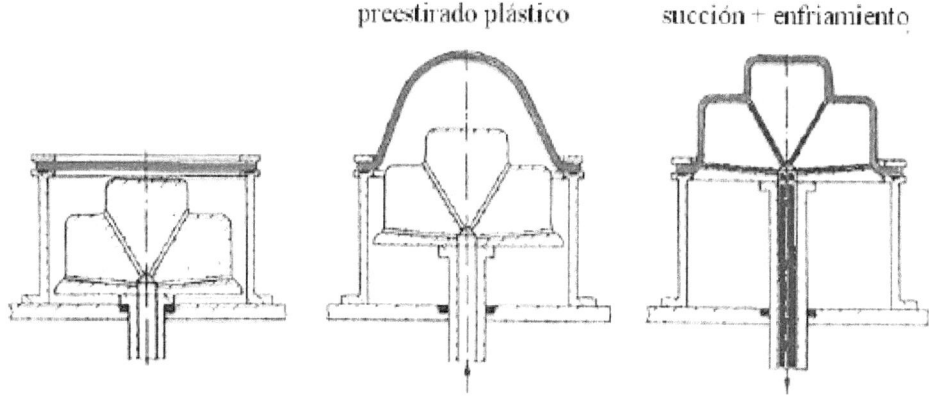

Si realizamos este proceso a gran escala y de forma continua, la forma de llevarlo a cabo sería:

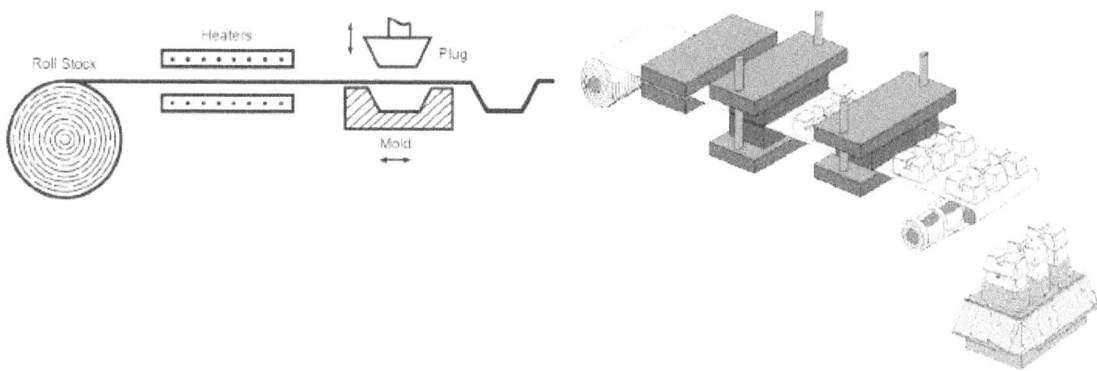

CAPÍTULO 13: Conformado por arranque de viruta I

Cuando los procesos de moldeo o deformación plástica no son capaces de proporcionar ciertas geometrías de forma precisa (como agujeros), o se desea un mejor acabado superficial y control sobre las tolerancias de una pieza, se recurre a estos procesos. El mecanizado por arranque de viruta o material es un proceso en el que se modifica la superficie de la pieza al retirar material de la misma en forma de viruta. Generalmente, la pieza en bruto viene de otro proceso de fabricación, comprendiendo por ello operaciones secundarias y de acabado. No obstante, pueden ser también procesos primarios.

El mecanizado permite obtener piezas de muy diversas formas y tamaños, y con tolerancias muy estrechas. Frente a esto, posee una serie de inconvenientes: desperdicio de material, tiempos de producción largos, gran consumo energético, posibilidad de dañar la superficie de la pieza (integridad superficial), entre otros.

13.1 Clasificación de los procesos de conformado por arranque de viruta

Dependiendo de cómo se realice ese arranque de material distinguimos tres tipos:

1. Procesos convencionales: los filos de una herramienta se introducen en el material de la pieza y le van arrancando porciones, en forma de virutas. Se emplea energía mecánica.

2. Procesos abrasivos: la herramienta consiste en unos granos de material muy duro (abrasivo) embebidos en otro material. Los granos que están en la superficie presentan una serie de filos cada uno. Se emplea energía mecánica.

3. Procesos no convencionales: el aporte de energía es diferente; se realiza por procesos térmicos, lumínicos, eléctricos, etc. No interviene una herramienta con filos de corte.

Procesos Convencionales	Procesos Abrasivos	Procesos No Convencionales
• Torneado	• Rectificado	• Mecanizado Químico
• Fresado	• Honing	• Mecanizado electro-químico
• Taladrado	• Lapeado	• Electroerosión
• ...	• Pulido	• ...
	• ...	

13.2 Procesos convencionales de arranque de material

Como hemos dicho anteriormente, en este tipo de procesos los filos de una herramienta se introducen en el material de la pieza y le van arrancando porciones, en forma de virutas. Empleando para ello energía mecánica. De forma muy simple y gráfica, se representa en la siguiente imagen:

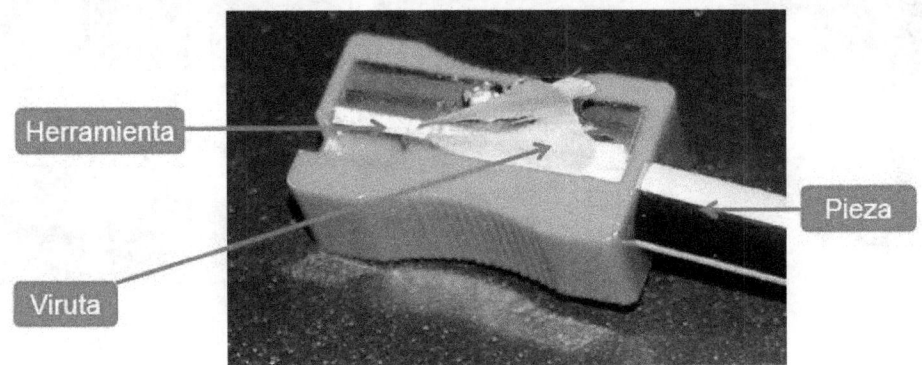

En cualquier tipo de proceso de conformado por arranque de viruta se produce un movimiento relativo entre la pieza y la herramienta. Destacamos los siguientes:

– Movimiento de corte: es el responsable directo del arranque del material. De acuerdo con la imagen superior, se correspondería con el movimiento giratorio del lápiz dentro del sacapuntas. Se suele expresar como una velocidad en m/min. Cuando el movimiento de corte es rotativo, la velocidad de corte es la periférica.

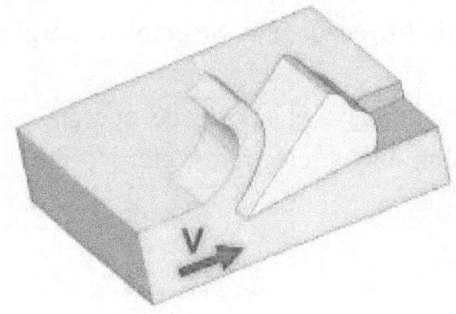

– <u>Movimiento de avance</u>: permite que el filo avance siempre con material que arrancar. Es decir, es el movimiento encargado de dar continuidad a la acción de corte. Se suele expresar en mm/min. Se correspondería con la inserción paulatina del lápiz en el agujero del sacapuntas.

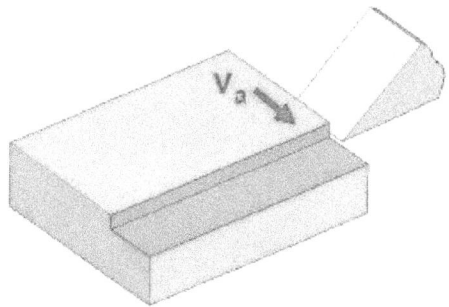

– <u>Movimiento de penetración</u>: suele efectuarse al principio de la operación y con él elegimos el espesor de material a retirar.

A continuación, adjuntamos una serie de imágenes de varios procesos donde podremos ver estos movimientos de forma más concisa:

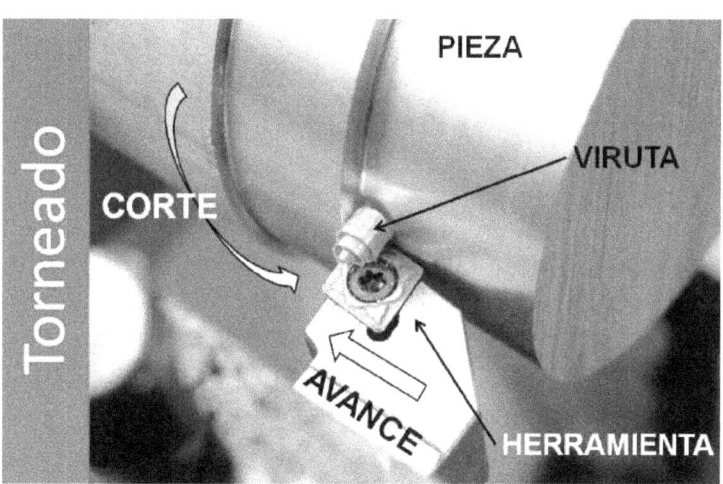

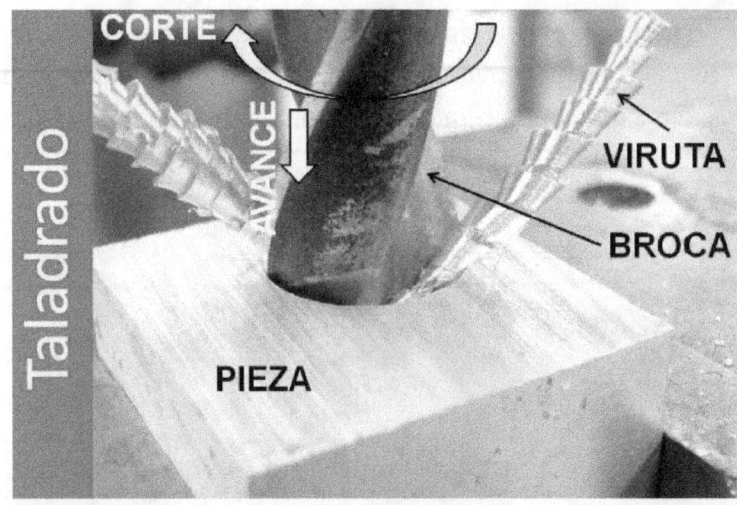

Para llevar a cabo de forma exitosa estos procesos es necesario disponer de:

1. Una máquina que proporcione los movimientos necesarios.
2. Una herramienta que arranque el material de la pieza. La herramienta se adapta a la pieza y al trabajo a realizar.
3. Una serie de utillajes que fijan, orientan y posicionan la pieza en el espacio de trabajo de la máquina (mordazas, platos de garras, etc.).
4. Accesorios de máquina, que permitan, entre otras cosas, que una máquina pueda tener varias funcionalidades.

13.3 Teoría de corte

Sea cual sea el proceso, consideramos el filo de la herramienta en forma de cuña, que se introduce en el material.

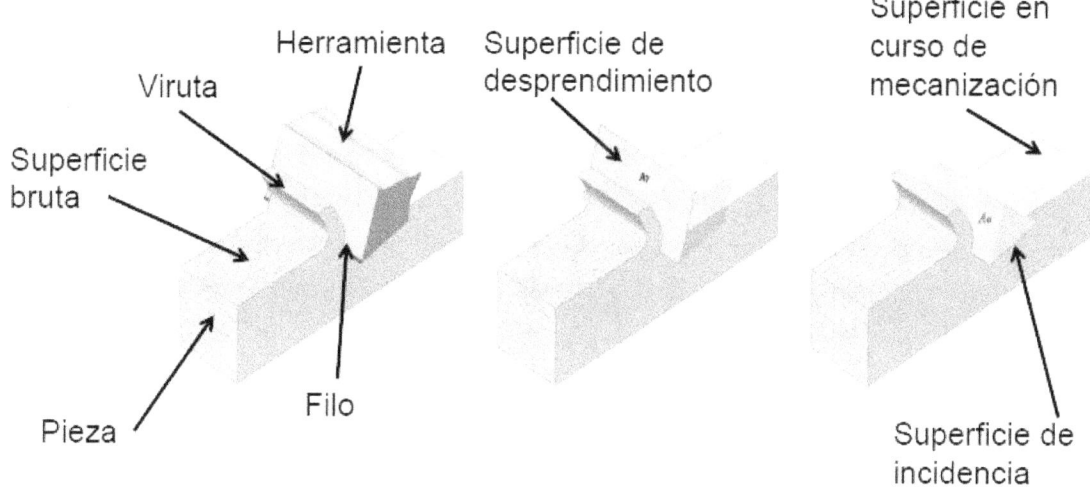

Dependiendo del ángulo que forme la velocidad de corte y el filo, distinguimos un *corte ortogonal* o un *corte oblicuo*.

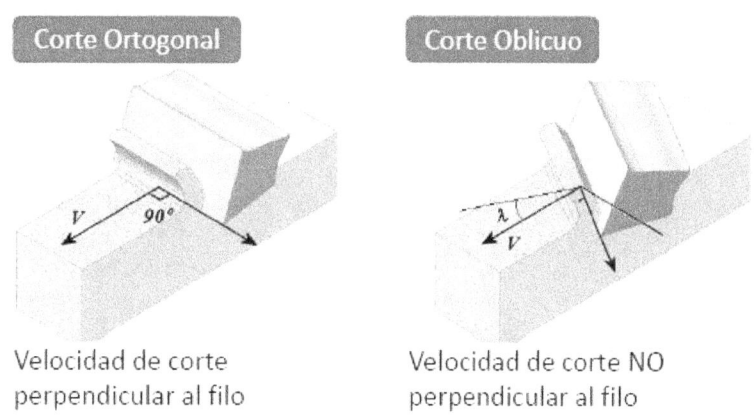

Centrándonos ya en la herramienta de corte, tenemos que consta de una serie de caras y ángulos que son importantes de cara al resultado final del proceso:

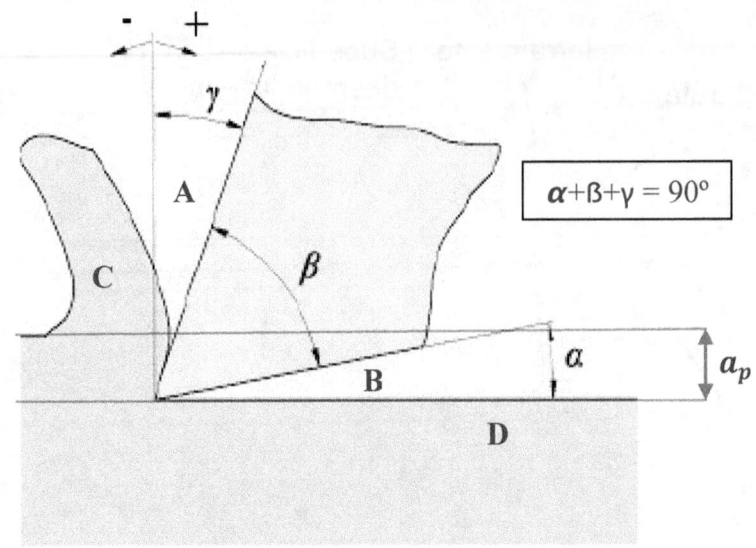

- <u>Superficie de desprendimiento (A)</u>: es la superficie sobre la cual el material arrancado se desprende en forma de viruta.

- <u>Superficie de incidencia (B)</u>: es la superficie que se enfrenta con la superficie mecanizada.

- <u>Viruta (C)</u>: el material arrancado se desprende de la superficie en forma de viruta.

- <u>Superficie mecanizada (D)</u>: superficie final que se obtiene en el proceso.

- <u>Profundidad de corte (a_p)</u>: es la distancia que existe entre la superficie en bruto y la mecanizada.

- <u>Ángulo de desprendimiento (γ)</u>: se mide entre la superficie de desprendimiento y la perpendicular a la superficie en curso de mecanización. Puede ser positivo o negativo.

- <u>Ángulo de incidencia (α)</u>: se mide entre la superficie de incidencia y la superficie en curso de mecanización.

- <u>Ángulo del filo (ß)</u>: se mide entre la superficie de desprendimiento y la de incidencia. Ambas superficies convergen en el filo de corte.

Hemos visto hasta ahora que los procesos de mecanizado o moldeo por arranque de material consisten en arrancar o eliminar material de una superficie primaria. No obstante, si analizamos en un microscopio este hecho, observaremos que lo que realmente sucede es una deformación plástica del material. La cara de desprendimiento de la herramienta empuja el material de la pieza, deformándola. El material se separa y se forma la viruta.

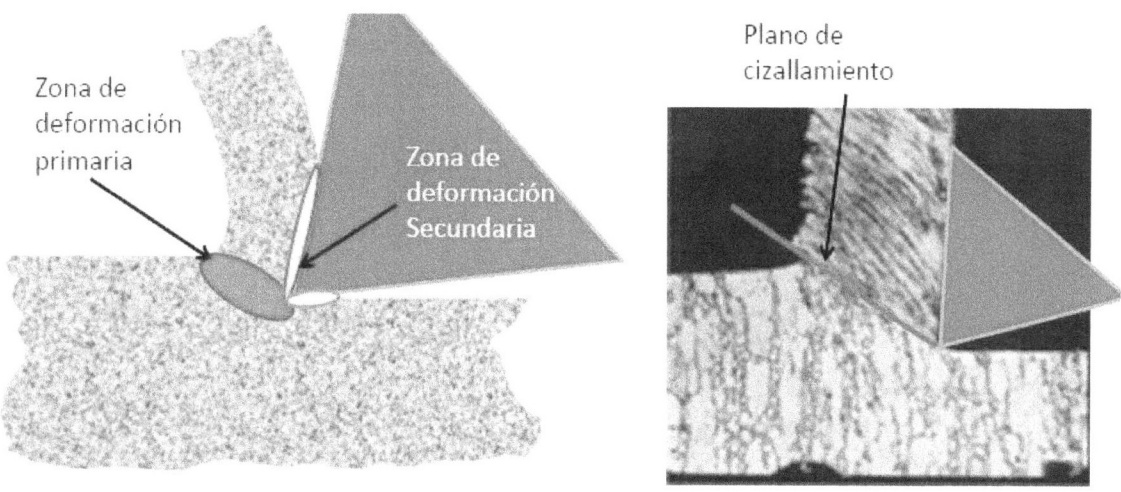

En el plano de cizallamiento es donde se produce la rotura de la viruta. Esta depende de multitud de factores y nos dan información valiosa de cómo está siendo el proceso durante el propio mecanizado. Por eso, vamos a continuación a analizar los tipos de viruta más detalladamente.

13.4 Tipos de viruta

Vamos a nombrar en este apartado los tipos de virutas de metal que es común observar en la práctica, así como sus microfotografías. Todas ellas tienen en común la presencia de dos caras bien diferenciadas: (1) una pulida, por el rozamiento contra la superficie de desprendimiento de la herramienta y (2) otra rugosa, por el mecanismo de cizallamiento.

Los cuatro tipos principales de viruta son:

1. Viruta continua: se forman por lo general con materiales dúctiles o mecanizados a altas velocidades de corte. Indican que la deformación del material tiene lugar a lo largo de una zona de corte angosta, llamada *zona primaria de deformación*. En función de la velocidad y del ángulo de desprendimiento, pueden originarse zonas secundarias de deformación sobre la propia superficie de desprendimiento de la herramienta.

   Aunque producen un buen acabado superficial, las virutas continuas no son necesariamente deseables ya que tienden a enredarse alrededor del soporte de la herramienta y de la pieza, amenazando la integridad superficial del producto. Es decir, son difíciles de desalojar.

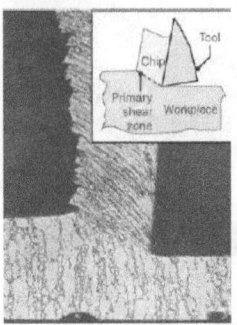

2. <u>Viruta continua con filo recrecido</u>: el filo recrecido consiste en capas de material de la pieza que se adhieren al filo de la herramienta. A medida que crece, se vuelve inestable hasta que se rompe debido a los esfuerzos de corte. Este recrecimiento hace variar la geometría del filo de corte y, con ello, la profundidad de corte y empeorando en gran medida el acabado final.

Este hecho se produce debido a causas como: velocidad de corte baja, afinidad entre los materiales, grandes profundidades de corte o falta de fluido de corte en el proceso, entre otros.

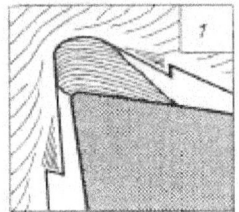   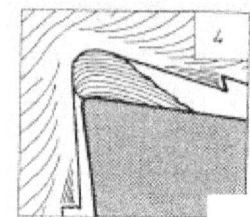

3. <u>Viruta aserrada</u>: son semicontinuas, con grandes zonas de deformación cortante baja y pequeñas áreas de gran esfuerzo cortante. Esto confiere a las virutas un aspecto de dientes de sierra. Son típicas de metales con baja conductividad térmica y resistencia decreciente con la temperatura, como el titanio.

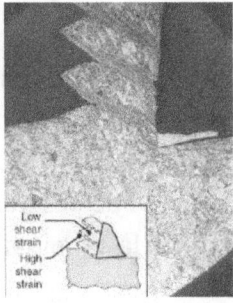

4. <u>Viruta discontinua</u>: consisten en segmentos agrupados entre sí con firmeza u holgadamente. Por lo general, las virutas discontinuas se forman con:

–   Materiales frágiles o con inclusiones e impurezas.

–   Velocidades de corte muy altas o muy bajas.

–   Ángulos de desprendimiento pequeños.

–   Falta de fluido de corte.

–   Vibraciones en la herramienta o en la máquina.

Los esfuerzos de corte están variando constantemente, y pueden generar vibraciones adicionales al proceso. Pueden afectar negativamente al acabado superficial y a las tolerancias dimensionales, y provocar un desgaste prematuro de la herramienta.

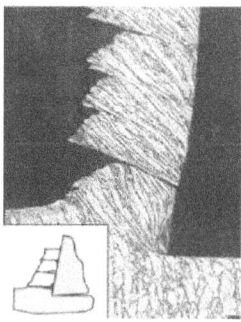

La viruta ideal consistiría en virutas con cierta continuidad, pero que se rompan para poder efectuar su evacuación y de un grosor constante, de modo que no se induzcan vibraciones adicionales al proceso.

Usualmente, para ayudar a romper la viruta se suele emplear un complemento que se denomina *rompevirutas*. Pueden ser ajenos a la herramienta o estar tallados en la misma y tiene como función producir un rizado adicional de la viruta, de forma que se produce su rotura.

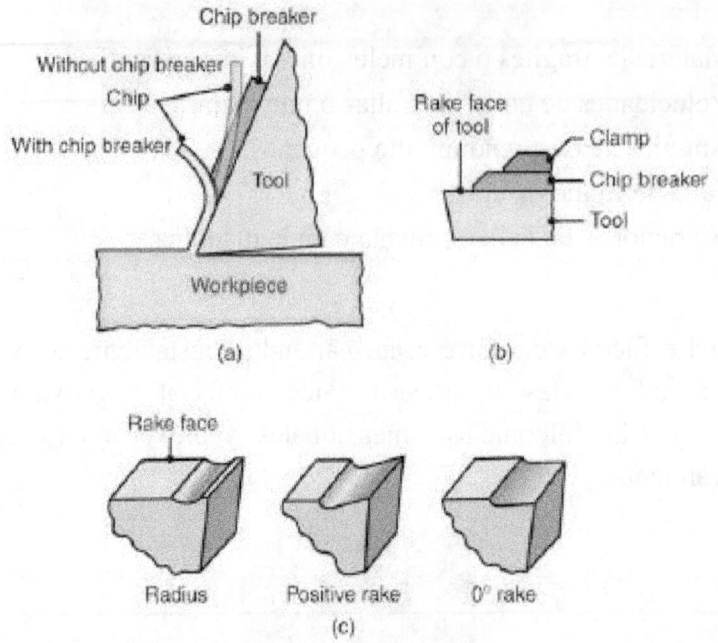

CAPÍTULO 14:   Conformado por arranque de viruta II

En este capítulo vamos a ver cómo sufre la herramienta de corte durante el proceso y sus criterios de desgaste.

14.1   Generación de calor y distribución de temperatura

La temperatura alcanzada en el proceso depende de dónde se produzcan las deformaciones. Como hemos visto en el anterior capítulo, existen principalmente dos zonas de deformación plástica del material:

–   <u>Zona primaria de deformación</u>: producida en la zona donde el material se deforma para generar la viruta.

–   <u>Zona secundaria de deformación</u>: dependiendo de las magnitudes del proceso, puede originarse una nueva zona de deformación sobre la cara de incidencia de la herramienta.

A estas, hay que sumarle una *tercera zona de deformación*. Esta se produce una vez se ha desgastado la herramienta. Se trata de una parte de la cara de incidencia directamente en contacto con la superficie en proceso de mecanización, y que genera un elevado calor debido al rozamiento.

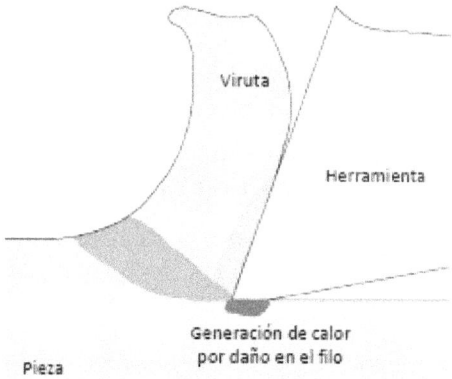

Situándose la temperatura máxima en la zona de rozamiento entre viruta y herramienta, pues ese material ha sufrido dos deformaciones.

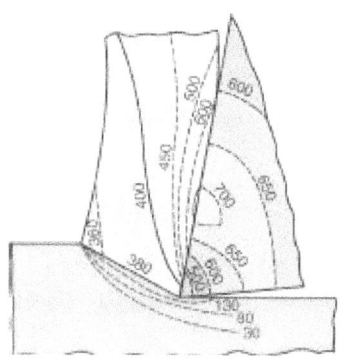

14.2 Desgaste de la herramienta

El desgaste de la herramienta es un desgaste inevitable, pero que es necesario controlar para evitar la rotura total de la misma y conocer cuándo debemos sustituirla por otra nueva. Existen cuatro causas principales:

1. <u>Adhesión</u>: nuevas partículas del material se adhieren a la cara de desprendimiento. Producen el fenómeno de filo recrecido.

2. <u>Abrasión</u>: contacto directo que genera una elevada fricción. Comúnmente es el efecto producido por el rozamiento.

3. <u>Corrosión</u>: debido a la acción química provocada por refrigerantes.

4. <u>Difusión</u>: intercambio de partículas entre la herramienta y el material, en función de la temperatura. Genera impurezas en la superficie mecanizada.

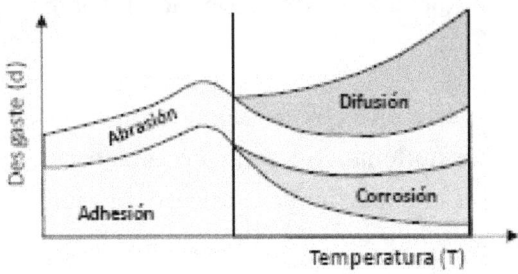

Destacamos los desgastes que se producen tanto en la cara de desprendimiento como en la de incidencia.

En la cara de incidencia, se produce un desgaste producido por la abrasión contra el material a eliminar de la pieza en bruto. Está caracterizada por el ancho de la franja de desgaste *VB*. La evolución del desgaste en esta cara en una gráfica tiempo frente a *VB* se representa como:

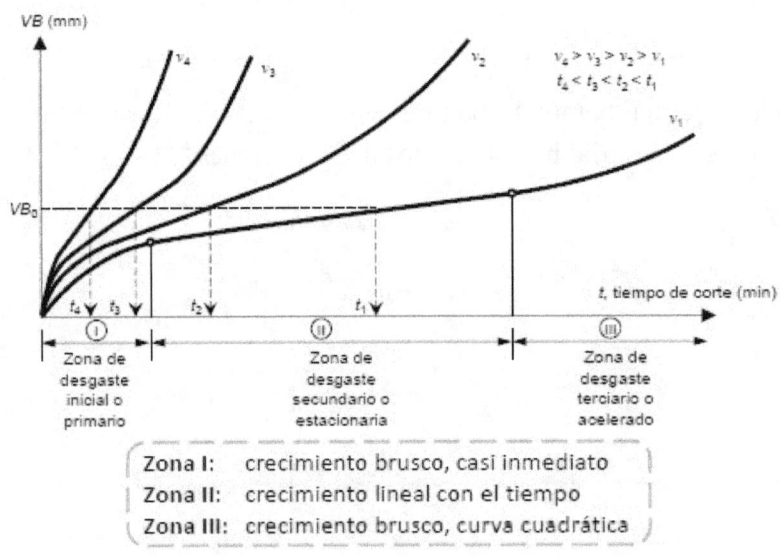

En la cara de desprendimiento, se produce un desgaste producido por la adhesión y el rozamiento entre la viruta y la herramienta. Está caracterizada por el volumen de cráter, pero se suele considerar a efectos prácticos la profundidad de cráter KT. La posición de la máxima profundidad de cráter coincide con la de mayor temperatura. La evolución del desgaste en esta cara en una gráfica tiempo frente a KT se representa como:

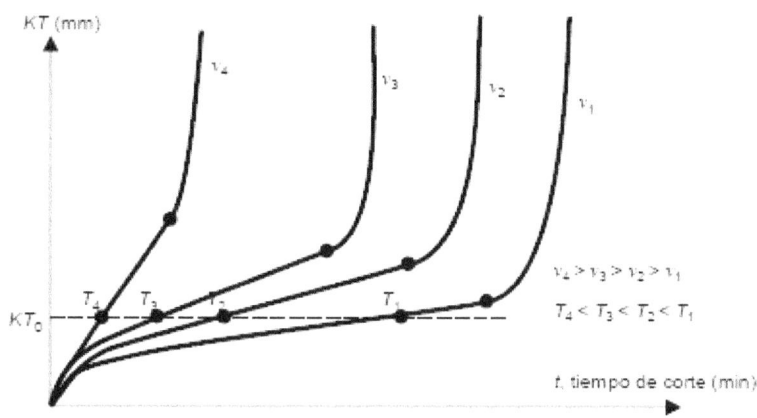

Estos desgastes, gráficamente, quedan muy bien definidos en la siguiente imagen:

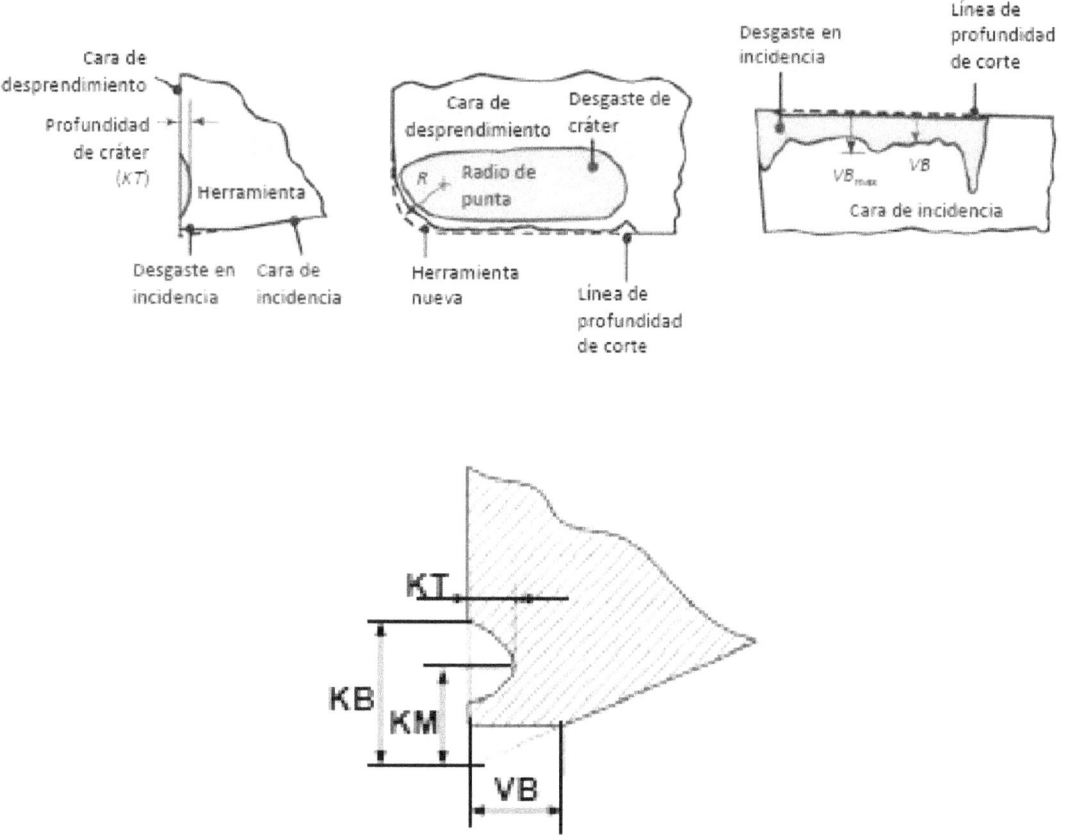

Para estos desgastes, el fabricante establece unos valores límites a partir de los cuales la herramienta no está en condiciones de trabajar de forma óptima y debe cambiarse. A la hora de planificar el proceso, es de vital importancia atender a los llamados *criterios de desgaste*.

En condiciones prácticas, debemos estar midiendo constantemente diferentes magnitudes que nos permitan conocer si se han alcanzado estos valores críticos y, por lo tanto, debemos cambiar la herramienta. Algunos de ellos no se pueden medir en condiciones de trabajo (*VB*, *KT* o rugosidad de la superficie), pero podemos centrar nuestra atención a otros factores que nos pueden guiar sin necesidad de detener el proceso (fuerza de corte, potencia, vibraciones, temperatura, entre otros). Esto es de vital importancia, pues el fabricante solo nos proporciona unos tiempos de vida para la herramienta con ciertas condiciones de trabajo, las cuales pueden coincidir o no con las nuestras. Siendo la *vida de herramienta* (T) el tiempo efectivo o de trabajo de un componente desde que se estrena hasta que tiene que ser repuesto.

La ecuación que rige la vida de herramienta es la Ecuación de Taylor generalizada:

$$v \cdot T_{VB}^n = \frac{C \cdot VB^n}{f^x \cdot a_p^{\ y} \cdot \left(\operatorname{sen} \chi\right)^{(x-y)}}$$

SIMPLIFICACIÓN $\Longrightarrow$

$$T = \frac{K}{v^{\frac{1}{n_1}} \cdot f^{\frac{1}{n_2}} \cdot a_p^{\frac{1}{n_3}}}$$

Siendo 'f' el avance (mm/rev), 'a_p' la profundidad de corte (mm), 'χ' el ángulo de posición del filo, 'x' e 'y' son exponentes que dependen de cada condición de corte.

Y reduciendo aún más la fórmula:

$$v \cdot T^n = C \longrightarrow T = \frac{K}{v^{\frac{1}{n}}}$$

Con 'v' la velocidad de corte (m/min), 'n' constante que depende del material de la herramienta.

Esta última fórmula nos permite relacionar la velocidad de corte con la vida de herramienta de la forma:

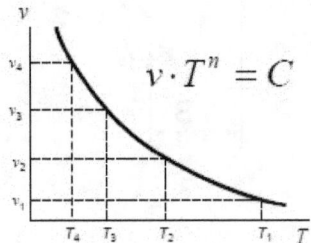

112

14.3 Materiales de herramienta

Debido a las duras condiciones de trabajo, el material de las herramientas de corte debe tener una serie de propiedades:

– Dureza en caliente.
– Tenacidad y resistencia al impacto.
– Resistencia al impacto térmico.
– Resistencia al desgaste.
– Estabilidad química y neutralidad.

Todo esto, añadiendo que el material debe ser lo más barato posible para que sea comercializable. La herramienta de corte está en continua evolución. En los últimos 100 años las velocidades se han multiplicado por 40, debido al gran avance en la ingeniería de materiales.

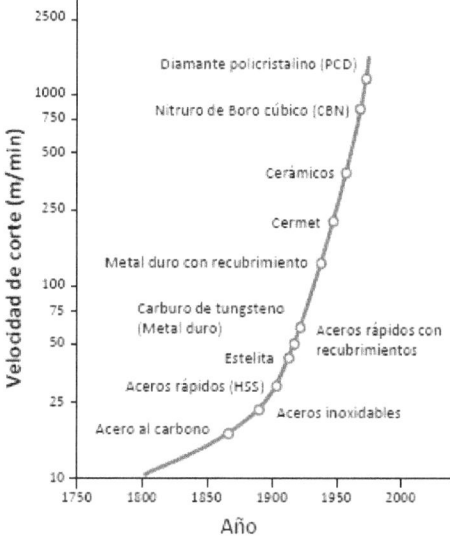

La clave de este aumento de velocidad es conseguir materiales que mantengan sus propiedades mecánicas y su resistencia al desgaste a altas temperaturas, pero la dureza (resistencia al desgaste) y la tenacidad (resistencia al impacto) son propiedades contrapuestas.

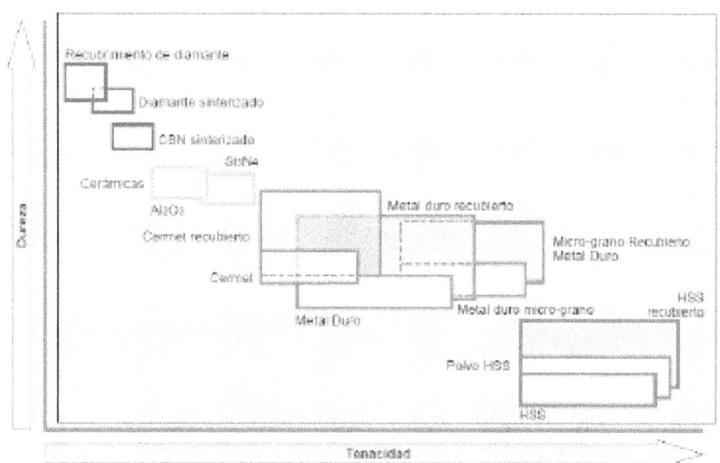

113

Además, las herramientas pueden recubrirse con otros materiales de modo que aumente la resistencia al desgaste, lo que prolonga la duración de la herramienta. Se pueden mejorar propiedades tales como la resistencia, la dureza en caliente, la tenacidad, proveer una barrera química contra la difusión o incluso reducir la fricción.

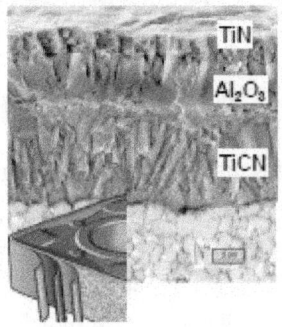

Ejemplo de recubrimiento en varias capas

TiN

Al_2O_3

TiCN

- El TiN permite una fácil detección del desgaste y confiere buen aspecto.

- El Al_2O_3 proporciona resistencia al desgaste térmico y químico.

- El TiCN proporciona resistencia al desgaste mecánico en incidencia.

- El sustrato proporciona tenacidad y resistencia a la deformación plástica

14.4 Fluidos de corte

Los fluidos de corte tienen objetivos muy definidos: (a) reducir la fricción y el desgaste, (b) enfriar la zona de corte, (c) reducir las fuerzas de corte, (d) evacuar las virutas y (e) proteger la superficie mecanizada.

Para ello, los fluidos de corte incorporan tanto *refrigerantes* como *lubricantes*. Destacamos cuatro de ellos:

1. Aceites: empleados en operaciones de baja velocidad.

2. Emulsiones: son mezcla de aceite, agua y aditivos. Empleados en operaciones de alta velocidad.

3. Semisintéticos: son emulsiones químicas de aceite mineral, agua y aditivos.

4. Sintéticos: formado por productos químicos con aditivos.

Hay que destacar que estos fluidos de corte son muy contaminantes. Por lo tanto, debe tenerse una política bien definida para el uso de estos productos una vez se recogen tras el proceso de mecanizado.

Para finalizar, vamos a nombrar las diferentes tendencias o modos de empleo de estos fluidos. Estas consisten en:

- Inundar la superficie de corte.
- En seco, para no aumentar la fatiga térmica de las herramientas.

Las más utilizada hoy en día es la de emplear la cantidad mínima y necesaria de fluido de corte. Es decir, a medio camino de las anteriormente expuestas.

CAPÍTULO 15: Proceso de torneado

El torneado es un proceso de moldeo por arranque de material que nos permite obtener piezas simétricas con respecto un eje de revolución. Las formas que se pueden lograr son muchas, en función de las herramientas de corte disponibles, pero estas siempre serán originadas como resultado de la rotación de la pieza de trabajo. Las características generales del proceso pueden resumirse en la siguiente tabla:

Materiales	• Metales, plásticos, cerámicas	
Calidad del producto	• Tolerancias centesimales (±0,005 mm a ±0,130 mm)	
	• Rugosidad media Ra [µm]: 6,3 – 0,4	
Aspectos económicos	Proceso manual	Proceso automatizado
Tasa de producción [piezas/h]:	1-6	10-1.000
Flexibilidad:	Muy alta	Moderada
Coste de la máquina:	Moderado	Alto
Coste de las herramientas y utillajes:	Bajo	Moderado-Alto
Coste de mano de obra directa:	Alto	Moderado-Bajo

Este proceso se realiza en un *torno*, que nos permite fijar la pieza y darle una velocidad angular (movimiento de corte). Al mismo tiempo que gira, se produce un movimiento de avance de la herramienta con el que se logra la eliminación de material. Antes de iniciar todo este proceso, se realiza un movimiento de penetración de forma que podamos seleccionar la profundidad de corte.

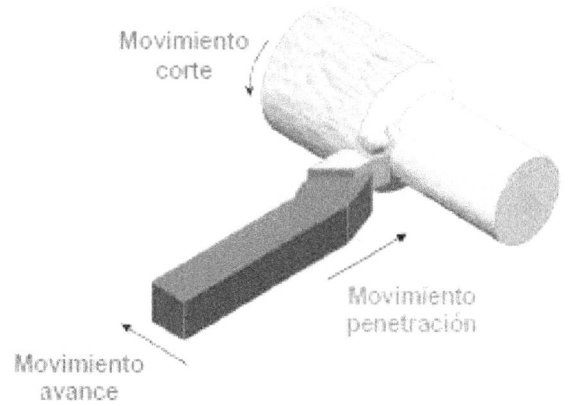

15.1 Operaciones de torneado y herramientas

En este apartado debemos distinguir dos clasificaciones: según el objetivo calidad-productividad; según la forma geométrica a obtener.

1. Según el objetivo calidad-productividad: se pueden realizar tres tipos de operaciones diferentes:

    - Desbaste: donde el objetivo fundamental es la eliminación del máximo material posible en poco tiempo. En esta operación no se atiende a cuestiones dimensionales ni de acabado. La herramienta suele realizar movimientos paralelos al eje de revolución, generando un perfil escalonado, y con ángulos de desprendimiento negativos. La profundidad del corte oscila entre 5 y 15 mm.

    - Semiacabado: el objetivo en este caso es el de hacer una aproximación a la forma final. Para ello, se deja un sobreespesor constante para proceder a la operación de acabado. La profundidad de corte varía entre 1.5 y 5 mm.

    - Acabado: se obtiene la superficie final con las tolerancias y dimensiones especificadas. El movimiento de la herramienta sigue el perfil de la pieza y la productividad pasa a un segundo plano, es decir, que se trata de un proceso lento. La profundidad de corte varía entre 0 y 2 mm.

2. Según la forma geométrica a obtener: las operaciones son múltiples:

– Cilindrado: obtención de una superficie cilíndrica recta. Para ello, la herramienta avanza paralelamente al eje de revolución. Esta superficie puede ser exterior o interior (*mandrinado*).

Para el cilindrado exterior se suelen emplear herramientas de brazo corto, mientras que en el mandrinado se necesitan herramientas más largas. Esta longitud puede generar vibraciones no deseadas.

Además, el mandrinado necesita un agujero previo en la pieza, pues el brazo de la herramienta podría impactar con el material. Por eso, se realizan previamente operaciones de taladrado.

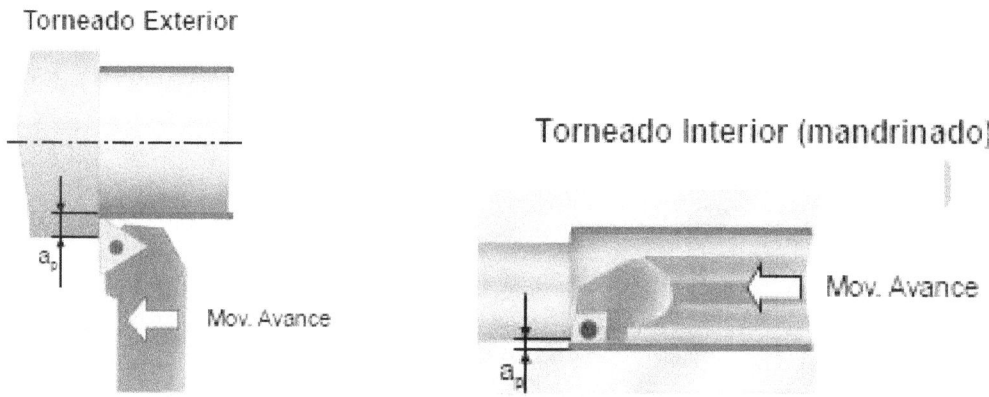

– Refrentado: permite obtener superficies planas en dirección perpendicular al eje de revolución.

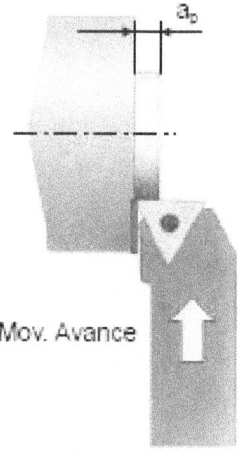

– <u>Perfilado</u>: obtención de perfiles curvos o que no siguen una dirección paralela a los ejes de referencia.

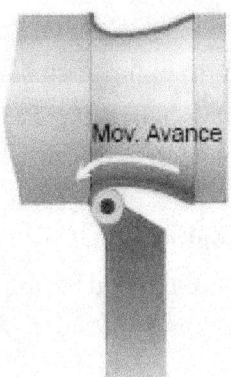

– <u>Ranurado radial</u>: permite hacer ranuras en la dirección radial exterior e interiormente. Si el mango fuese del mismo grosor que la placa de corte, se podría penetrar muy profundamente en la pieza. Se trata de una operación única (desbaste + acabado).

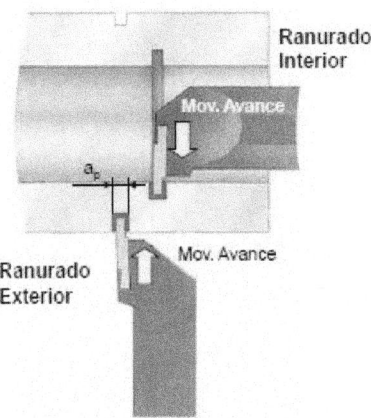

– <u>Ranurado frontal</u>: permite hacer ranuras en la dirección axial. Operación única (desbaste + acabado).

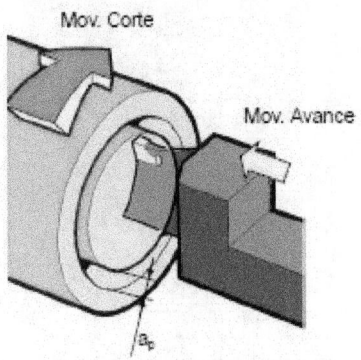

– <u>Tronzado</u>: conseguimos dividir o seccionar la pieza.

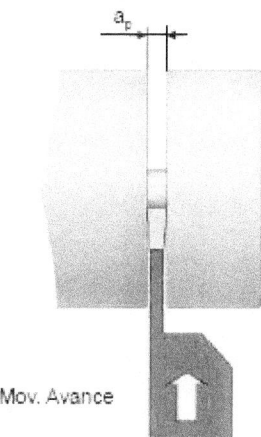

– <u>Roscado</u>: las operaciones de torneado también nos permiten obtener tanto roscas exteriores como interiores. Se trata de una operación que requiere varias pasadas (unas 4 o 5). Se trata de un cilindrado cuyo avance es igual que el paso de rosca.

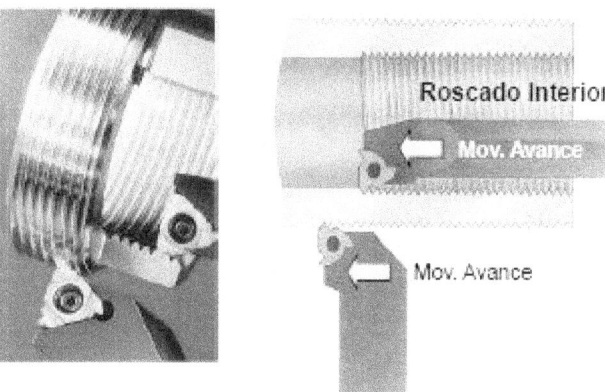

– <u>Moleteado</u>: mediante una herramienta especial, obtenemos una superficie rugosa. No hay arranque de material, sino que se produce una deformación plástica.

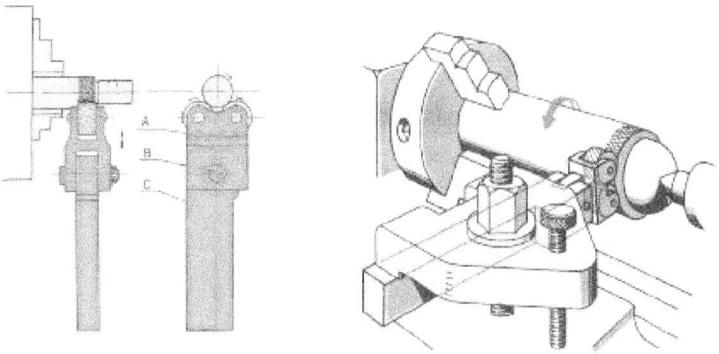

– <u>Taladrado</u>: se generan agujeros por el giro relativo entre el filo de corte de la broca y el material. En este caso, la broca permanece estática y sirve también como punto de apoyo de la pieza. Por eso, solo podremos obtener agujeros en el eje de revolución. Se realiza en dos etapas: *punteado* y *taladrado*.

Fase 1: Punteado

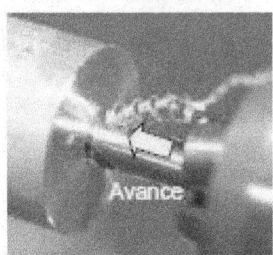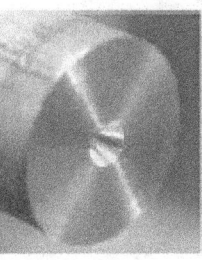

Fase 2: Taladrado

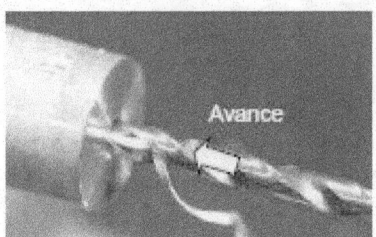

– <u>Formas cónicas</u>: obtención de formas cónicas debido al movimiento en un segundo eje de la herramienta.

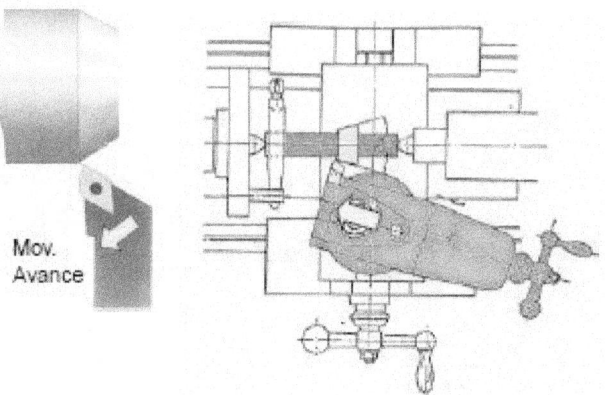

– <u>Otras formas especiales</u>: dependiendo de la forma de la herramienta de corte, se pueden obtener multitud de superficies.

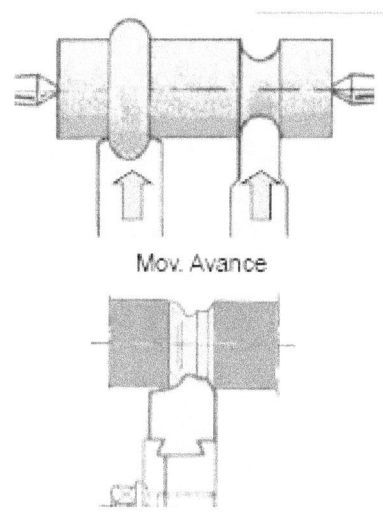

Mov. Avance

Por último, destacar que las herramientas pueden clasificarse en dos grupos, dependiendo de cómo sea su movimiento de avance en el torno:

1. A izquierdas: dejan la superficie mecanizada a su izquierda a medida que avanza.

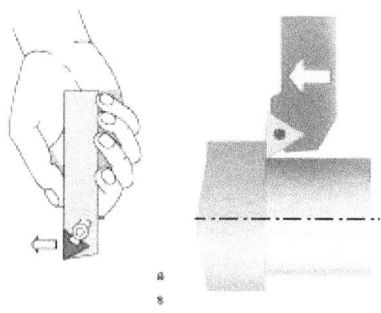

2. A derechas: dejan la superficie mecanizada a su derecha a medida que avanza.

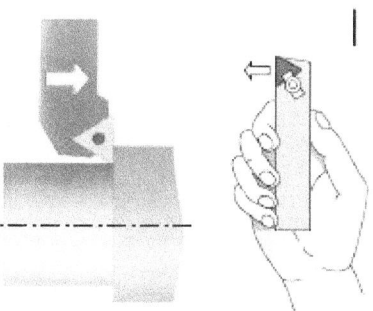

15.2 Máquinas

El proceso de torneado se realiza en un torno. Existen multitud de tornos, de los cuales vamos a ver los más importantes:

– Torno paralelo: es el torno más tradicional. Tiene un único motor. Los movimientos de avance están relacionados con el giro del cabezal. Como puede verse en la imagen, hay dos barras laterales: la inferior para operaciones normales de cilindrado y la superior para roscados, proporcionando avances mucho mayores.

Las partes de esta máquina son:

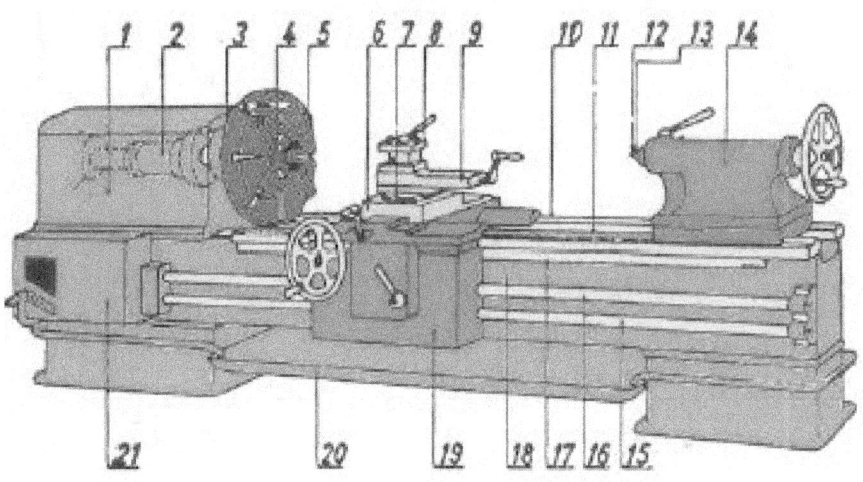

1. Cabezal	8. Portaherramientas	15. Eje de cilindrar
2. Eje principal	9. Carro orientable	16. Eje de roscar
3. Plato	10. Guía posterior	17. Cremallera
4. Punto	11. Guía anterior	18. Bancada
5. Garras del plato	12. Contrapunto	19. Carro principal
6. Carro transversal	13. Eje del contracabezal	20. Bandeja
7. Plataforma giratoria	14. Contracabezal	21. Caja de cambios para avances

– <u>Torno vertical</u>: empleado en el torneado de piezas voluminosas o pesadas.

– <u>Torno revólver</u>: posee un sistema de almacenado de herramientas giratorio que permite reducir los tiempos de producción.

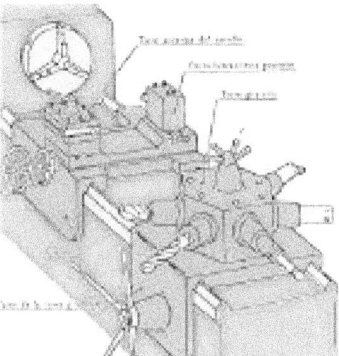

– <u>Torno automático</u>: el proceso está totalmente automatizado.

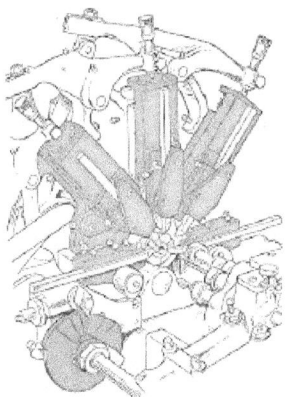

– <u>Torno de control numérico</u>: el proceso está controlado por un programa informático.

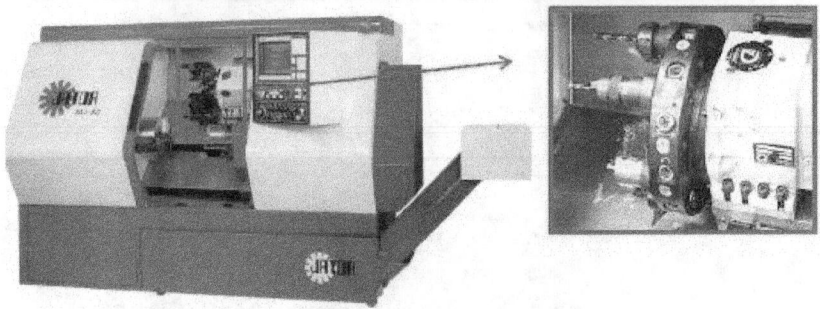

15.3 Utillajes de sujeción

Los utillajes de sujeción son aquellos componentes que nos permiten mantener la pieza en una posición óptima durante el proceso. También tenemos utillajes para almacenar herramientas. Vamos a continuación a nombrar algunos de ellos:

1. <u>Sujeción para piezas cortas</u>:

– <u>Pinza</u>: para piezas de poco diámetro.

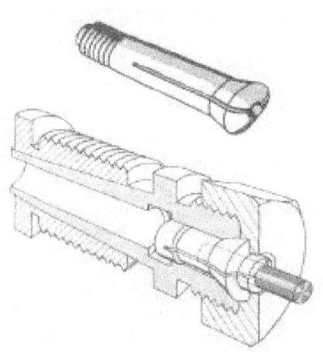

– Plato de tres garras: centra la pieza automáticamente al estar en sincronía las tres garras (cuando una se mueve, las otras lo hacen del mismo modo).

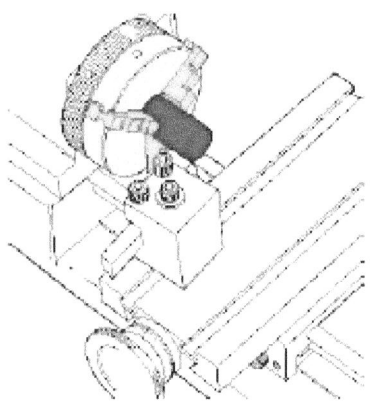

– Plato de cuatro garras: las garras se mueven de forma independiente. Por eso, este plato es ideal para piezas que no son cilíndricas.

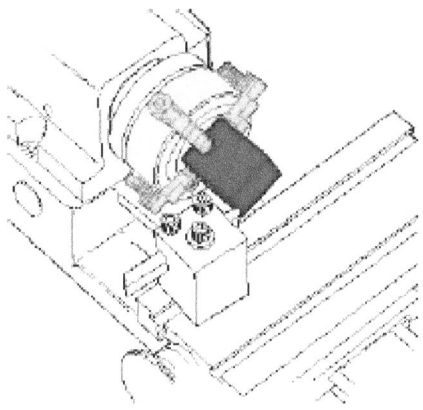

2. Sujeción para piezas largas:

– Plato y contrapunto: la pieza se sostiene por el otro lado con un punto de apoyo.

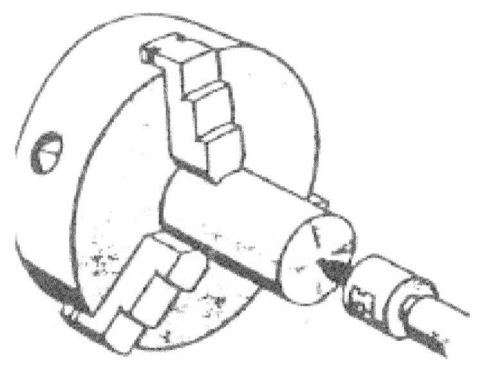

– Entre puntos con perrillo de arrastre: en este caso es una estructura la que evita la flexión de la pieza debido a su propio peso.

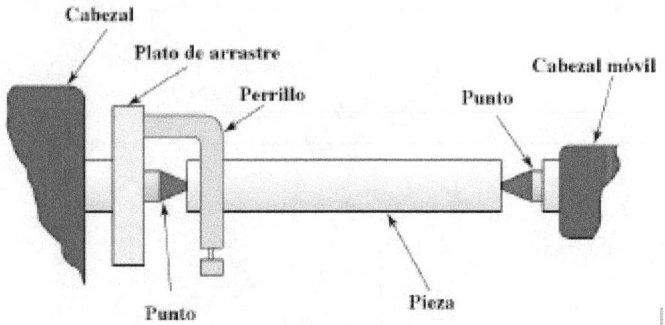

– Plato y luneta: se trata de otra estructura que mantiene la pieza recta.

3. Sujeción para herramientas:

– Portaherramientas convencional: las herramientas están fijadas sobre una placa. Dependiendo de la forma de esta placa se podrán colocar atornilladas más o menos herramientas de corte. En la imagen, tenemos un portaherramientas cuádruple.

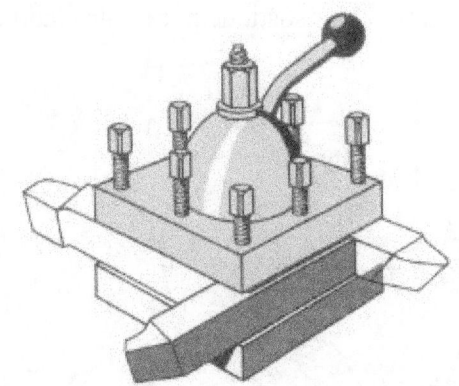

– <u>Portaherramientas para tornos de control numérico</u>:

Alojamiento para
brocas

Alojamiento para
Herramientas
de exterior

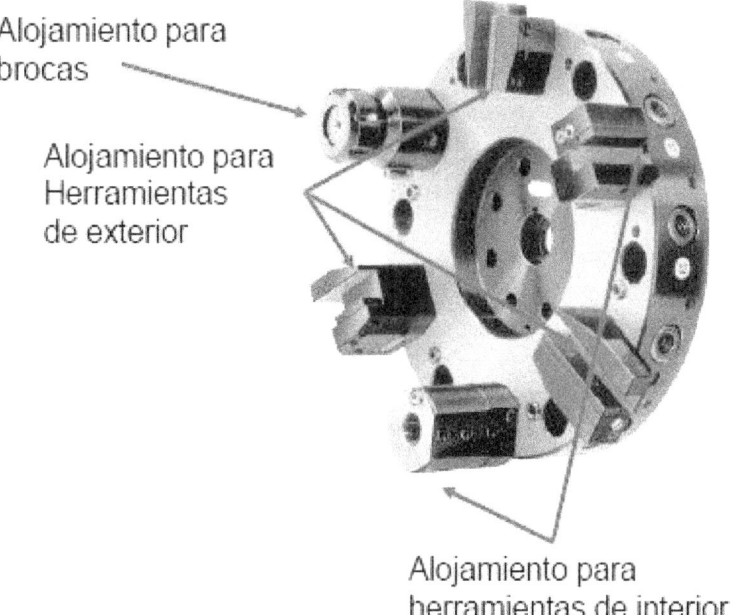

Alojamiento para
herramientas de interior

CAPÍTULO 16: Proceso de fresado

Con el término *fresado* se describen algunas operaciones altamente versátiles de maquinado en toda una variedad de configuraciones con el uso de una *fresa*, la cual es una herramienta cortadora de múltiples filos o dientes que produce varias virutas en una revolución. Las formas que se obtienen son de tipo prismático, en donde suele haber varias caras planas formando ángulos entre sí.

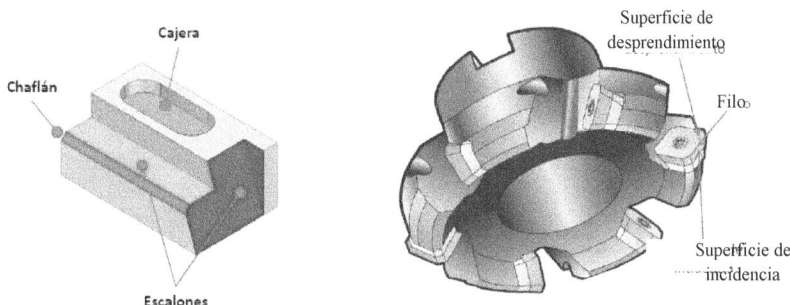

Podemos tener fresas como las de la imagen superior, otras completamente cilíndricas, u otras que sirven para un rango de tamaño mucho más pequeño. Estas últimas fresas reciben el nombre de *fresas enterizas*. Los filos de corte, se sitúan a lo largo de la periferia.

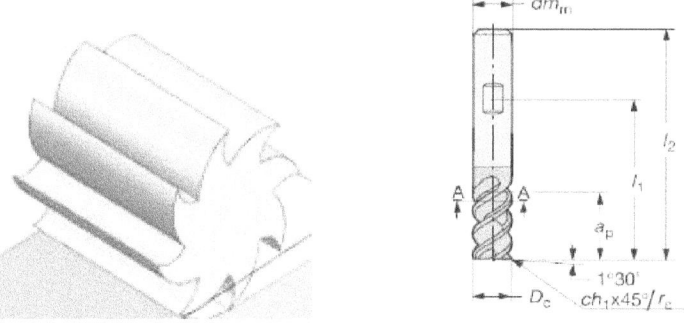

Un resumen de las características de este proceso está reflejado en la siguiente tabla:

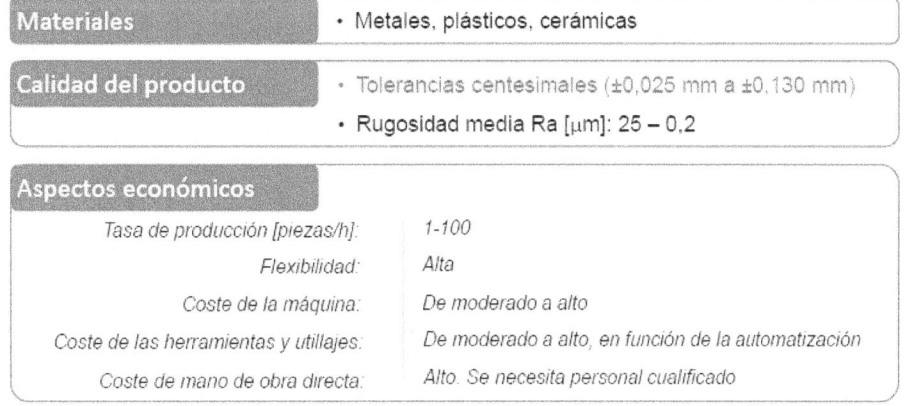

Materiales	• Metales, plásticos, cerámicas
Calidad del producto	• Tolerancias centesimales (±0,025 mm a ±0,130 mm) • Rugosidad media Ra [μm]: 25 – 0,2

Aspectos económicos	
Tasa de producción [piezas/h]:	1-100
Flexibilidad:	Alta
Coste de la máquina:	De moderado a alto
Coste de las herramientas y utillajes:	De moderado a alto, en función de la automatización
Coste de mano de obra directa:	Alto. Se necesita personal cualificado

16.1 Movimientos en el proceso de fresado

Dentro de los diferentes movimientos de las fresas, distinguimos tres tipos de movimientos:

1. Movimiento de corte: corresponde con el giro de la herramienta.
2. Movimiento de avance: desplazamientos de la pieza y/o herramienta.
3. Movimiento de penetración: posicionamiento de la herramienta para dar profundidad de corte.

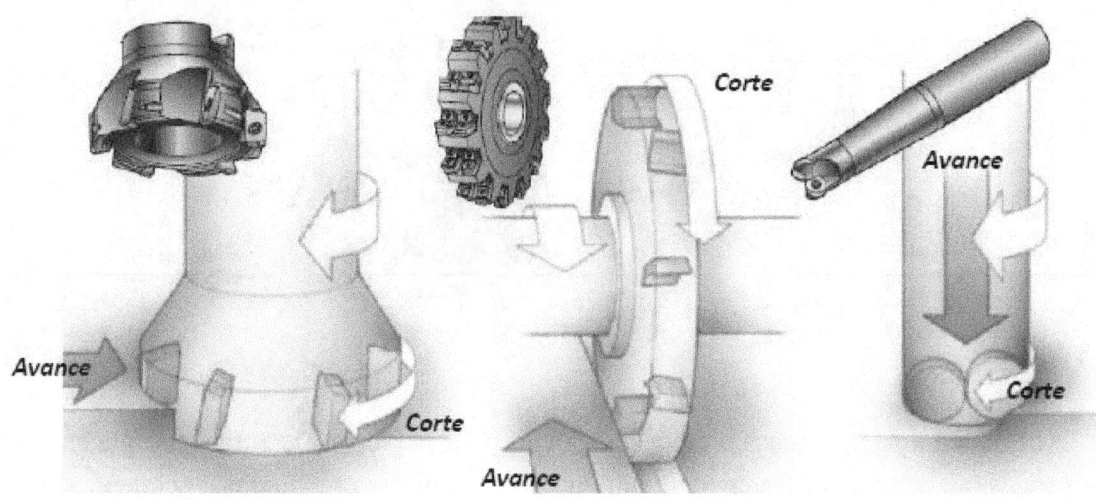

Como podemos ver, existen dos tipos de movimiento de penetración: axial o radial.

16.2 Modalidades de fresado

En función de cómo sea el movimiento relativo entre la fresa y la pieza distinguimos dos tipos de fresado:

1. Fresado en concordancia: la velocidad tangencial de los dientes de la fresa coincide con el sentido de desplazamiento de la pieza de trabajo. El diente arranca de más a menos espesor de material y las fuerzas que se ejercen en este proceso presionan la pieza sobre la base.

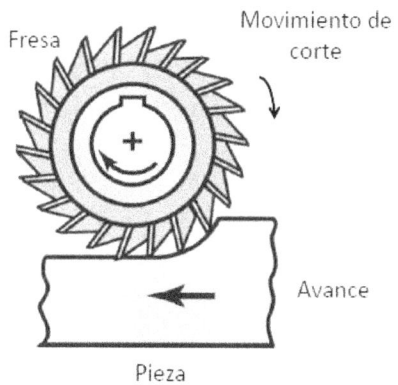

2. <u>Fresado en oposición</u>: la velocidad tangencial de los dientes de la fresa es de sentido contrario que la de desplazamiento de la pieza de trabajo. El diente arranca de menos a más espesor de material y las fuerzas que se ejercen en este caso tratan de separar la pieza de la base.

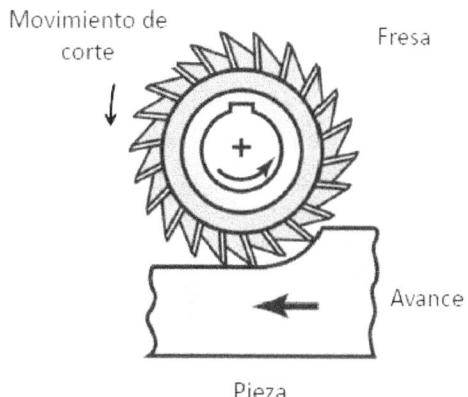

Antes del arranque de material, se produce un bruñido entre el diente y la pieza. Esto puede resultar perjudicial para ambas partes. Aun así, resulta útil si, por ejemplo, la pieza a mecanizar posee una cascarilla que se desea arrancar sin que se incruste en el material.

Otra modalidad depende de la posición del eje de rotación de la fresa respecto a la pieza: (a) si el eje es paralelo recibe el nombre de *fresado cilíndrico*, y (b) si el eje es perpendicular se denomina *fresado frontal*.

16.2 Operaciones de fresado y herramientas

Existen multitud de operaciones que se realizan con procesos de fresado, de los cuales vamos a destacar los más importantes y empleados en la industria actual:

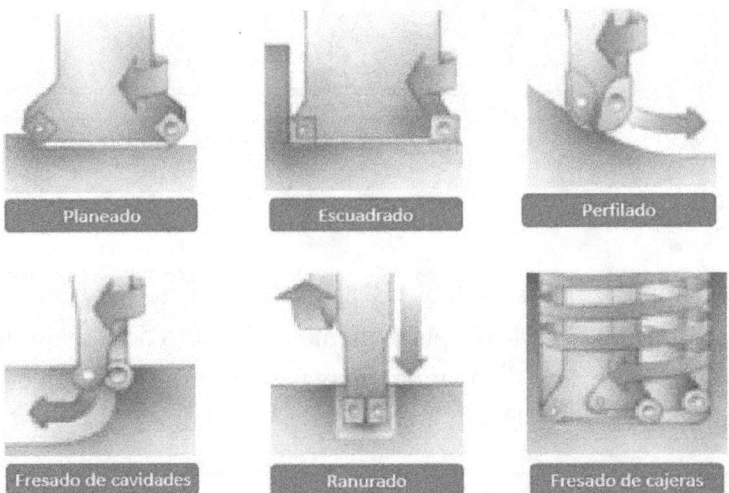

- Planeado: tiene por objetivo conseguir superficies planas, o mejorar la calidad superficial y tolerancias de la misma. Para este proceso, se utilizan generalmente fresas de aplanar que suelen tener unas placas de corte con unos ángulos de posición del filo de corte de 45°.

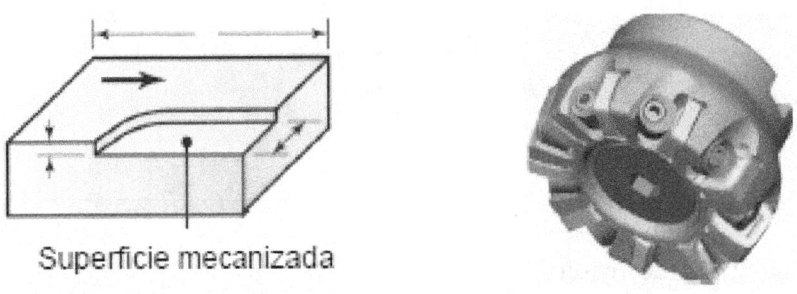

Este proceso, como todos las demás operaciones de fresado, dejan unas marcas de mecanizado sobre la superficie. Estas dependerán del ángulo de posición del filo, de la profundidad de corte, etc.

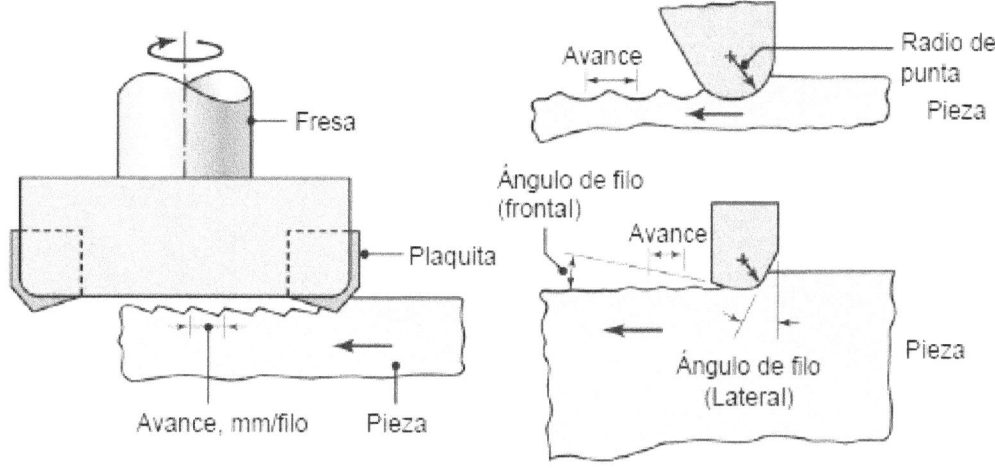

Que en función de los filos de corte:

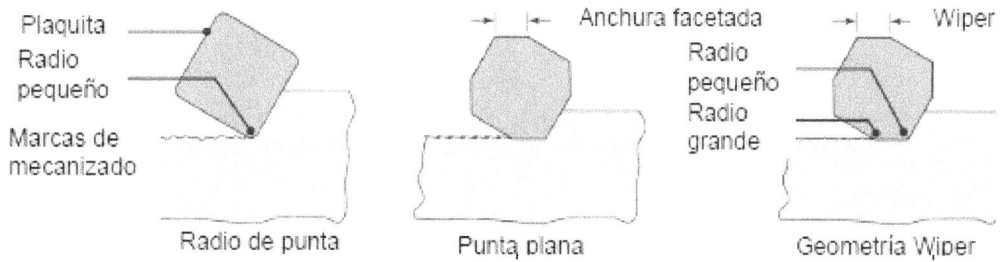

La geometría *Wiper* permite, para una misma calidad superficial, doblar la velocidad de avance de la herramienta.

A la hora de realizar una operación de planeado, debemos escoger de una manera prudente el ángulo de ataque de los dientes de la fresa al entrar en contacto y al salir de la pieza. Conviene trabajar con cierta angulosidad en esta entrada, para que la herramienta de corte no sufra un impacto frontal que pueda provocar su ruptura. Es decir, se pretende que los filos tengan un contacto progresivo y no directo.

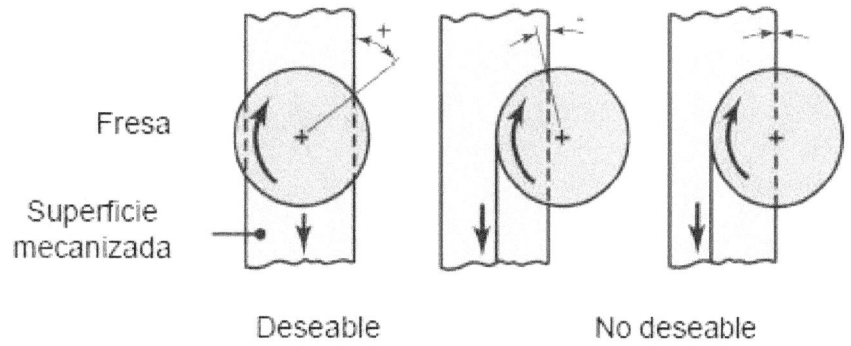

Por último, como hemos dicho previamente, se suele trabajar con ángulos de posición para los filos de corte de 45°. No obstante tenemos disponibles otros ángulos. Todo depende de la velocidad de avance y profundidad de corte que se desee.

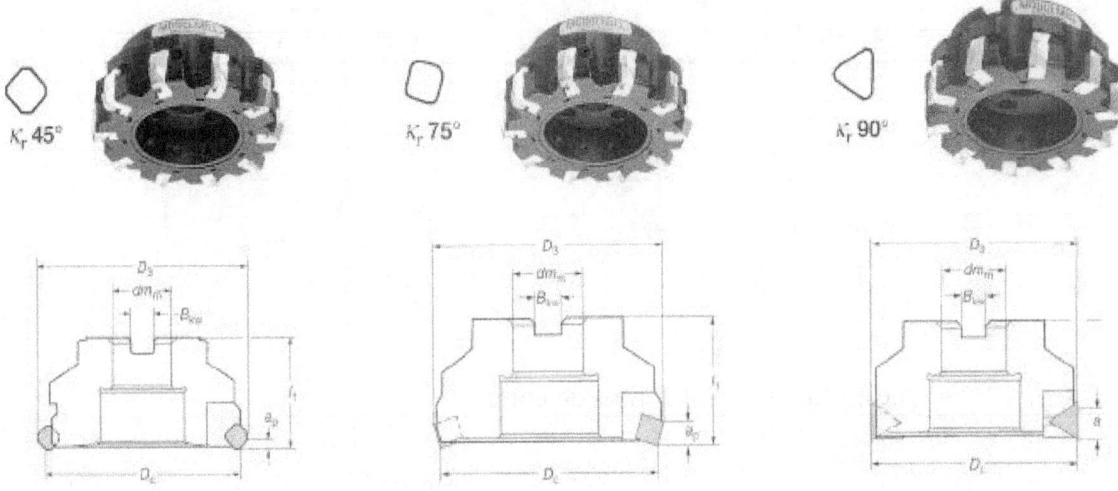

Ángulos agudos permiten aumentar el avance, reduciendo los tiempos de mecanizado de la pieza.

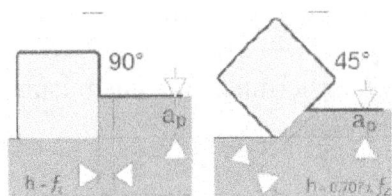

– <u>Escuadrado/Contorneado</u>: tiene por objetivo conseguir ángulos rectos donde otras herramientas no han podido obtenerlos.

– <u>Ranurado</u>: permite obtener ranuras practicadas en la pieza.

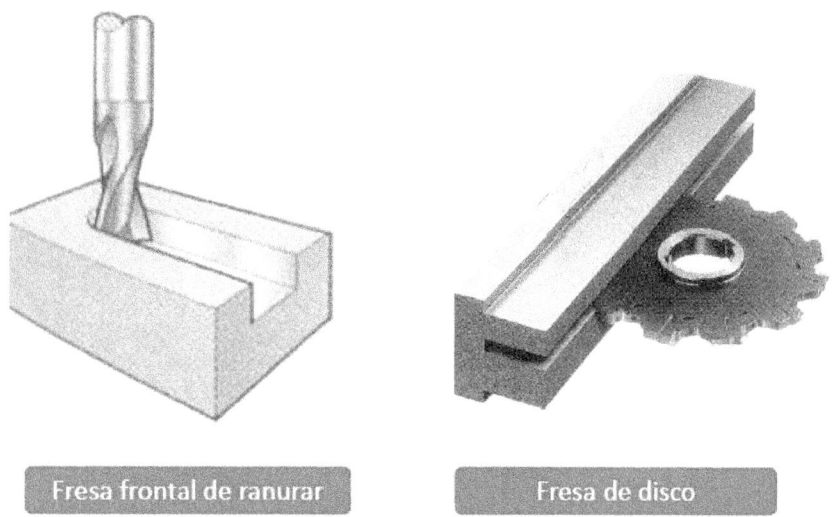

– <u>Fresado de formas</u>: dependiendo de las diferentes formas de las fresas o de la disposición de los dientes, obtendremos diferentes formas en el fresado. Destacamos la *cola de Milano*.

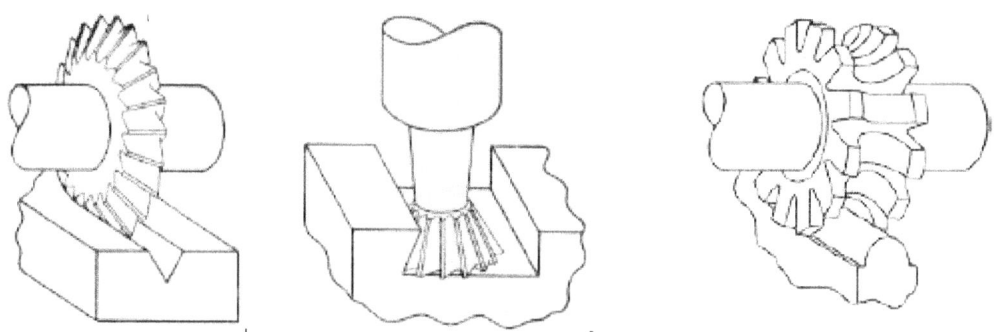

– <u>Fresado compuesto</u>: fresado simultáneo de varias superficies.

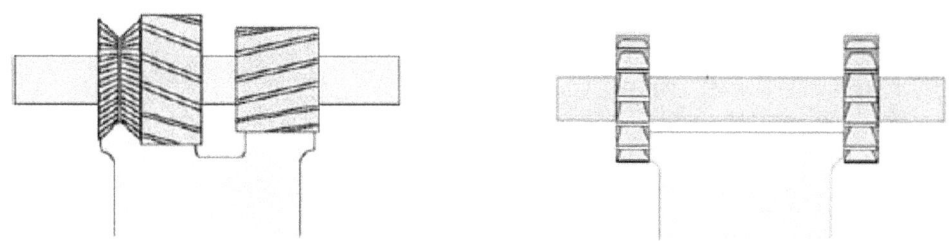

16.3 Máquinas y utillajes

Las máquinas empleadas en procesos de fresado reciben el nombre de *fresadoras*. Hay de diferentes tipos:

-   Fresadora horizontal: colocan la fresa en posición horizontal. Como podemos ver en la imagen, el husillo posee esa misma disposición.

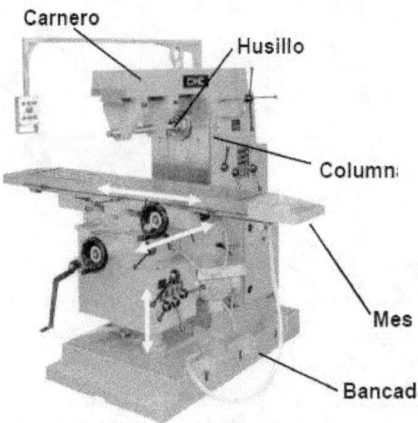

-   Fresadora vertical: en este caso, la posición de la fresa es vertical.

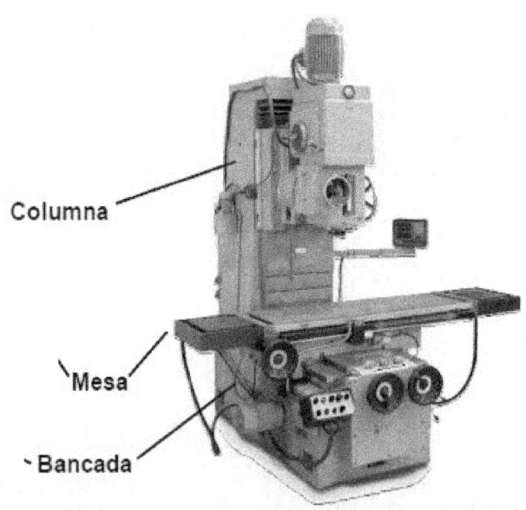

– Fresadora de puente:

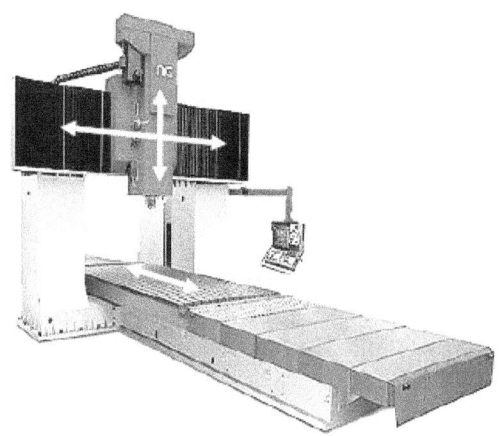

– Fresadora mandrinadora:

Husillo

– Fresadora convencional:

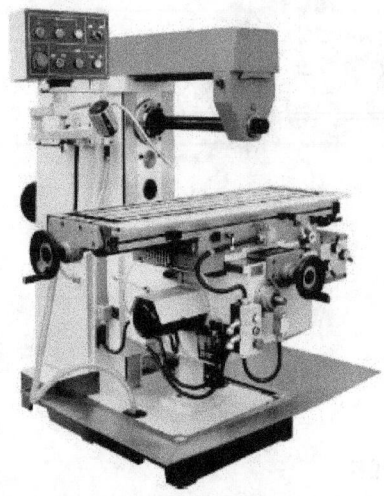

– Fresadora de control numérico (*CN*):

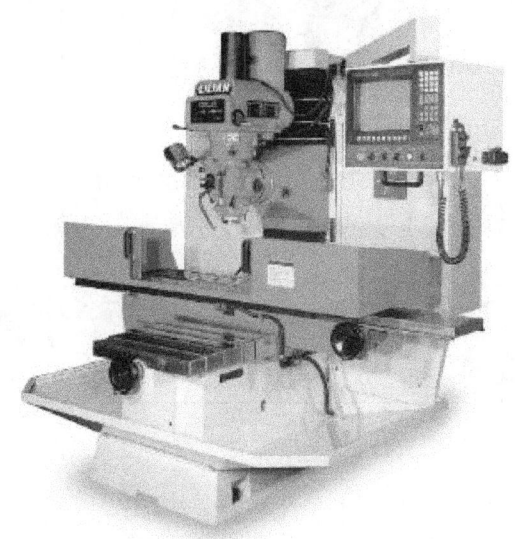

Cuanto más moderna y avanzada es una máquina, más grados de libertad tiene. Esto quiere decir, que admite movimientos con respecto a más ejes de referencia. En cuanto a la orientación angular, esta puede ser proporcionada con una posición angular del cabezal de la pieza de trabajo o de la propia herramienta.

Para sujetar las herramientas, tenemos que diferenciar si se sujetan a la máquina o si se están almacenando:

- <u>Sujeción a la máquina</u>: tenemos portafresas y portabrocas, entre otros.

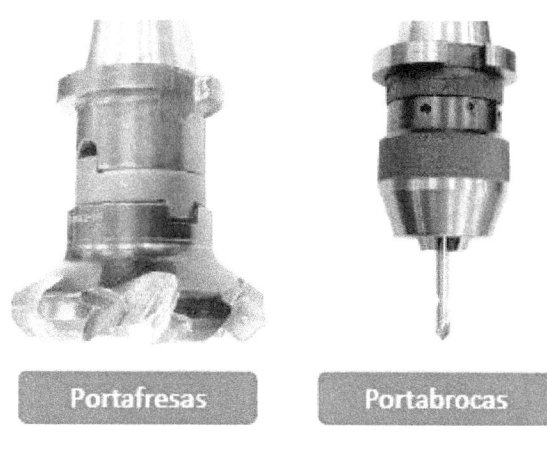

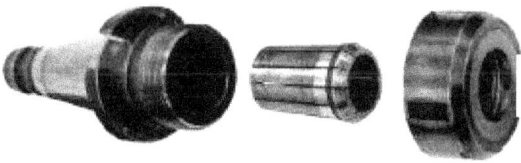

- <u>Almacenamiento de herramientas</u>: las actuales máquinas modernas incluyen un almacén propio de herramientas.

Y para la sujeción de las piezas, tenemos los llamados utillajes. Los utillajes más convencionales incluyen: mordazas, bridas y platos divisores.

Mientras que las máquinas más avanzadas poseen el llamado *utillaje modular*. Este permite la sujeción de la pieza de muchas y diferentes formas.

CAPÍTULO 17: Procesos con movimiento de corte lineal

Los procesos con movimiento de corte lineal comprenden todos aquellos procesos que, como su nombre indica, el movimiento de corte es lineal. En este capítulo nos centraremos en los procesos de cepillado, limado, mortajado, brochado y corte con sierra. Muchos de estos procesos pueden sustituirse por procesos de fresado.

- Cepillado: es un proceso que sigue empleándose en la actualidad. Se caracteriza porque es la herramienta la que se mueve, estando la pieza de trabajo estática.

Movimiento de trabajo (corte)	• Desplazamiento lineal de la pieza
Movimiento de retroceso	• Retroceso lineal de la pieza sin corte
Movimiento de avance	• Desplazamiento lineal de la herramienta entre dos carreras de trabajo consecutivas
Movimiento de penetración	• Posicionamiento de la herramienta respecto de la pieza

Alternativos

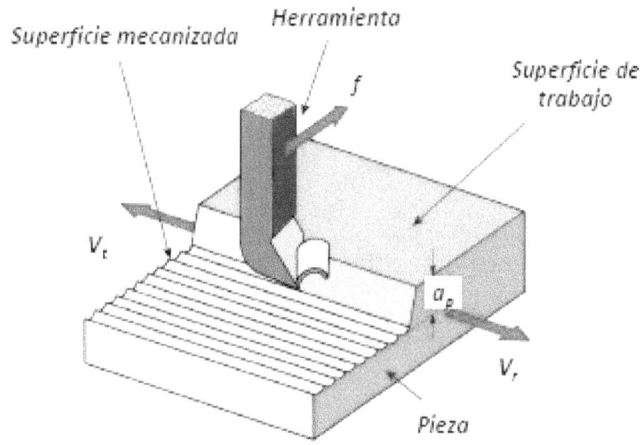

Las máquinas empleadas en este proceso reciben el nombre de *cepilladoras*. Diferenciamos cepilladoras de montante único o de tipo puente:

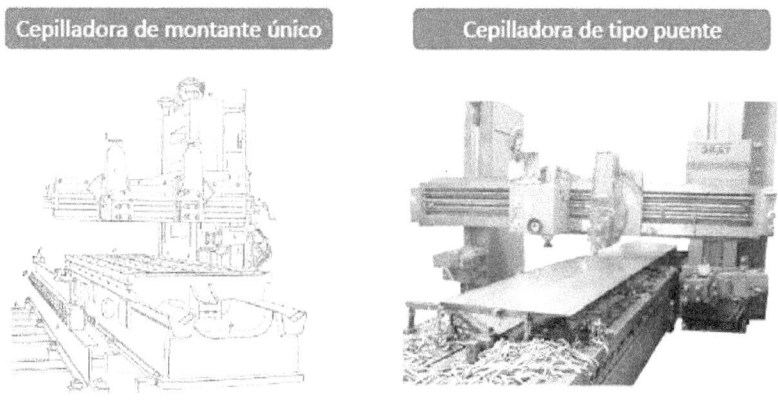

| Cepilladora de montante único | Cepilladora de tipo puente |

– <u>Limado</u>: se caracteriza porque es la herramienta la que se mueve, realizando la pieza de trabajo el movimiento longitudinal que permite la continuidad del corte. Es un proceso empleado en el mecanizado de pequeñas piezas.

Movimiento de trabajo (corte)	• Desplazamiento lineal de la herramienta
Movimiento de retroceso	• Retroceso lineal de la herramienta sin corte
Movimiento de avance	• Desplazamiento lineal de la pieza entre dos carreras de trabajo consecutivas
Movimiento de penetración	• Posicionamiento de la herramienta respecto de la pieza

Alternativos

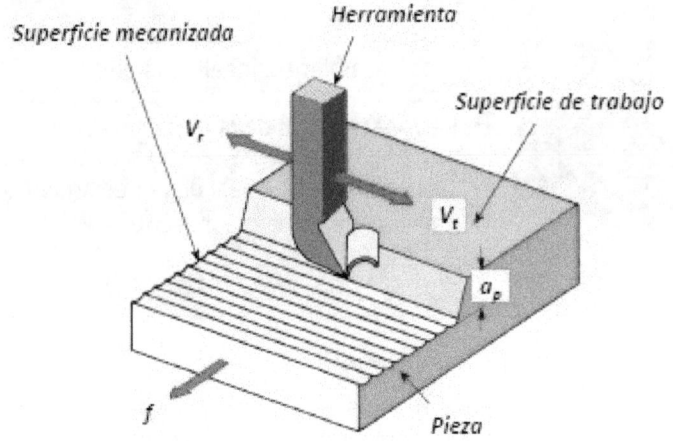

Las máquinas empleadas en este proceso reciben el nombre de *limadoras*. Diferenciamos limadoras mecánicas e hidráulicas:

Limadora mecánica	Limadora hidráulica

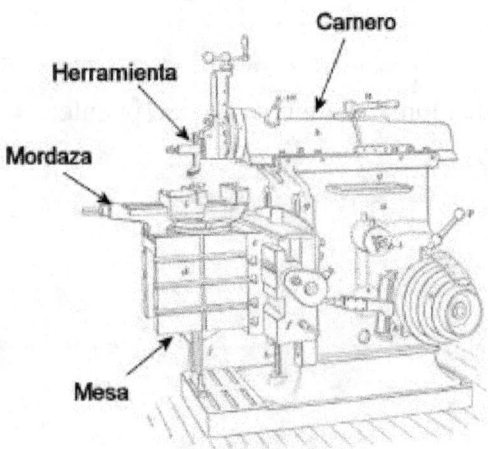

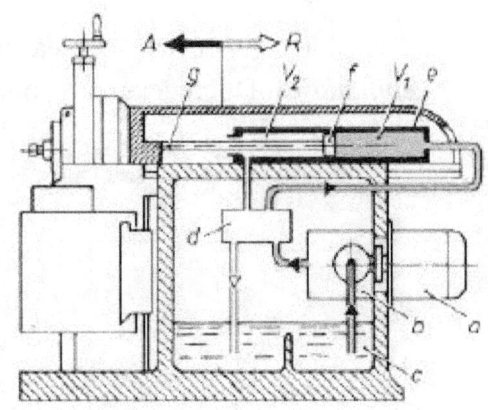

– <u>Mortajado</u>: es un proceso cinemáticamente equivalente al limado. La diferencia entre ambos radica en que el mortajado es un proceso que genera superficies verticales, mientras que el limado es un proceso que genera superficies horizontales, con preferencia para el planeado de superficies y la obtención de perfiles en cola de milano y similares.

Movimiento de trabajo (corte)	• Desplazamiento lineal de la herramienta
Movimiento de retroceso	• Retroceso lineal de la herramienta sin corte
Movimiento de avance	• Desplazamiento lineal de la pieza entre dos carreras de trabajo consecutivas
Movimiento de penetración	• Posicionamiento de la pieza respecto de la herramienta

Alternativos

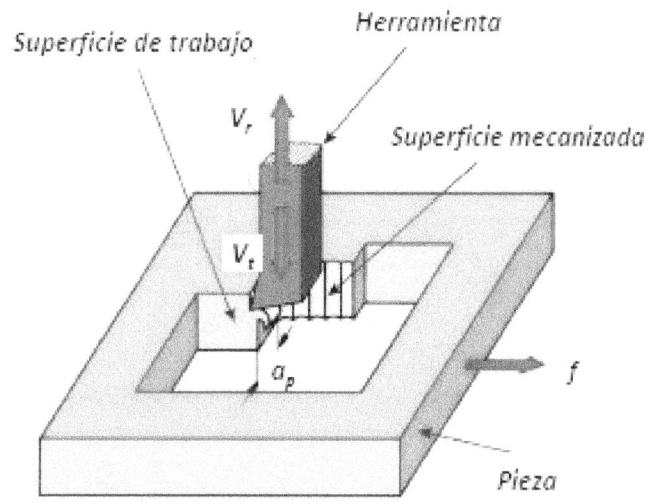

Las máquinas empleadas en este proceso reciben el nombre de *mortajadoras.* Distinguimos mortajadoras convencionales y de control numérico:

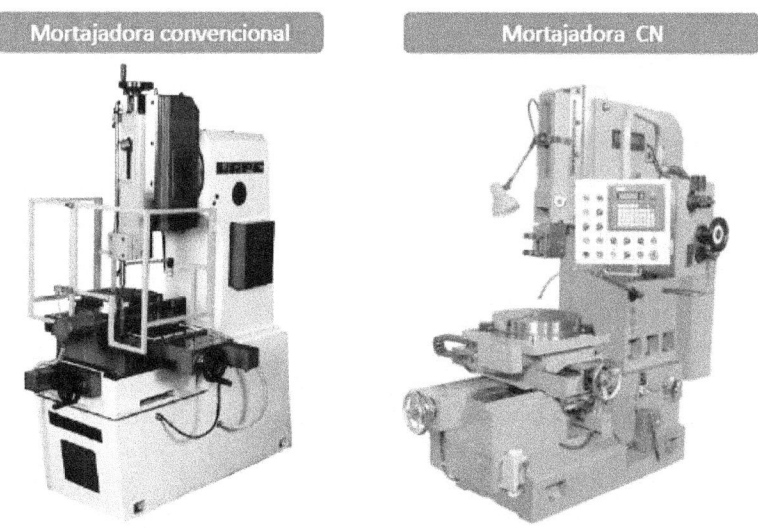

Mortajadora convencional   Mortajadora CN

145

Sobre todos estos procesos, destacamos el *brochado*, pues es el que más aplicación tiene en la industria actualmente.

– Brochado: se trata de un proceso de corte con multifilo. La herramienta empleada se denomina *brocha*, la cual tiene multitud de filos de corte a los largo de su periferia. En la parte delantera posee unos filos cuyo objetivo básico es el de realizar un desbaste, mientras que los filos posteriores permiten obtener un acabado superficial aceptable.

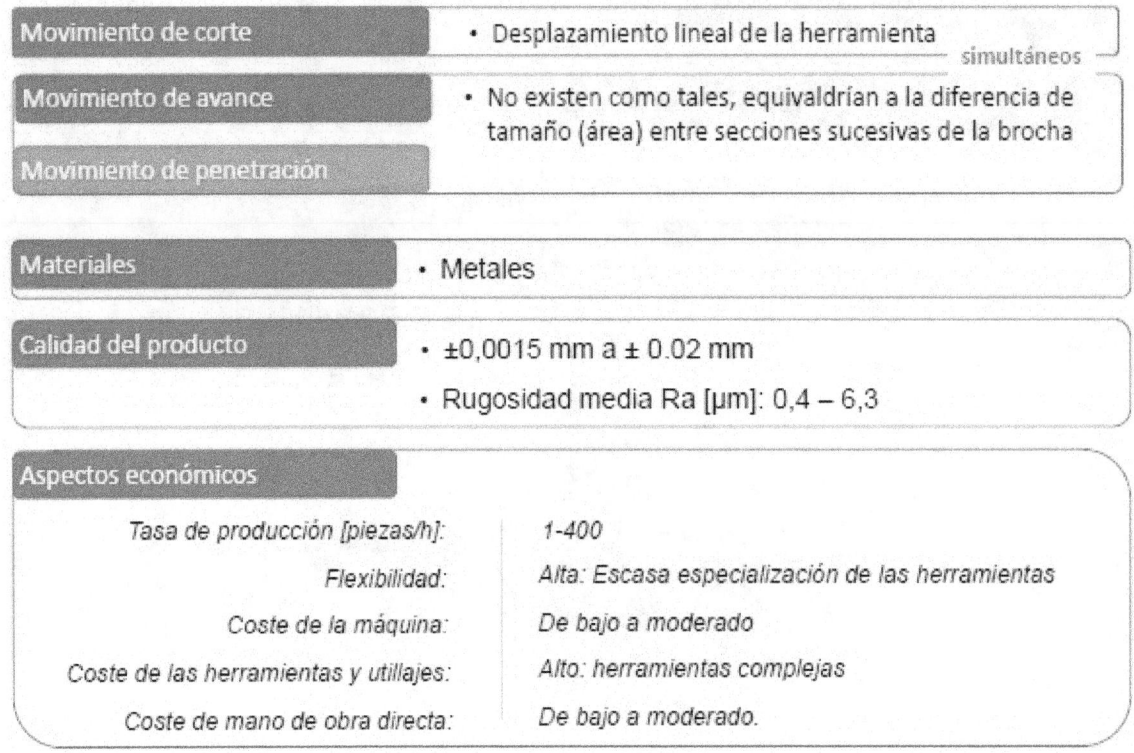

Movimiento de corte	• Desplazamiento lineal de la herramienta
Movimiento de avance	simultáneos
Movimiento de penetración	• No existen como tales, equivaldrían a la diferencia de tamaño (área) entre secciones sucesivas de la brocha

| Materiales | • Metales |

| Calidad del producto | • ±0,0015 mm a ± 0.02 mm |
| | • Rugosidad media Ra [μm]: 0,4 – 6,3 |

Aspectos económicos

Tasa de producción [piezas/h]:	1-400
Flexibilidad:	Alta: Escasa especialización de las herramientas
Coste de la máquina:	De bajo a moderado
Coste de las herramientas y utillajes:	Alto: herramientas complejas
Coste de mano de obra directa:	De bajo a moderado.

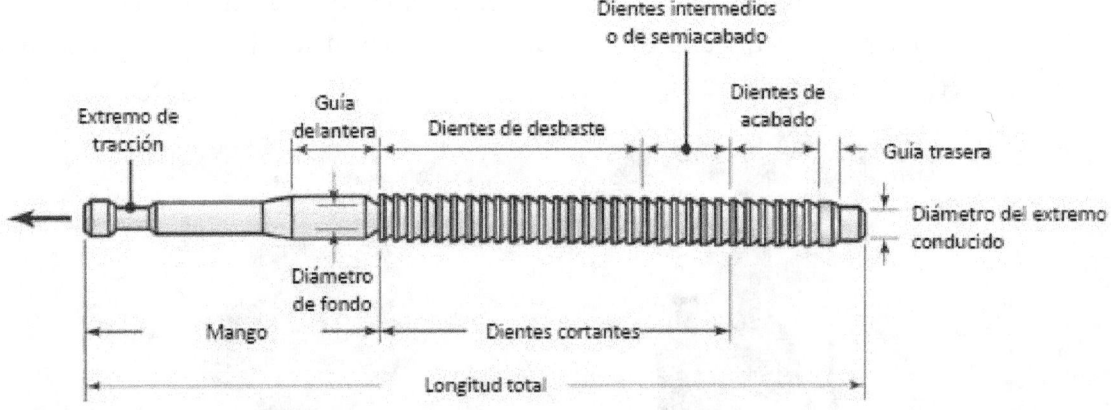

Con los procesos de brochado, lo que se busca es variar la sección interior de un agujero o mejorar la calidad superficial o tolerancias de sus paredes.

– <u>Corte con sierra</u>: en este proceso, se pretende eliminar material dividiendo la pieza en dos partes. La herramienta que se emplea recibe el nombre de *sierra*.

Movimiento de corte	• Desplazamiento lineal de la herramienta
Movimiento de avance	• Desplazamiento de la herramienta, usualmente ortogonal a la dirección de corte
Movimiento de penetración	• Definido por la anchura de la herramienta

simultáneos

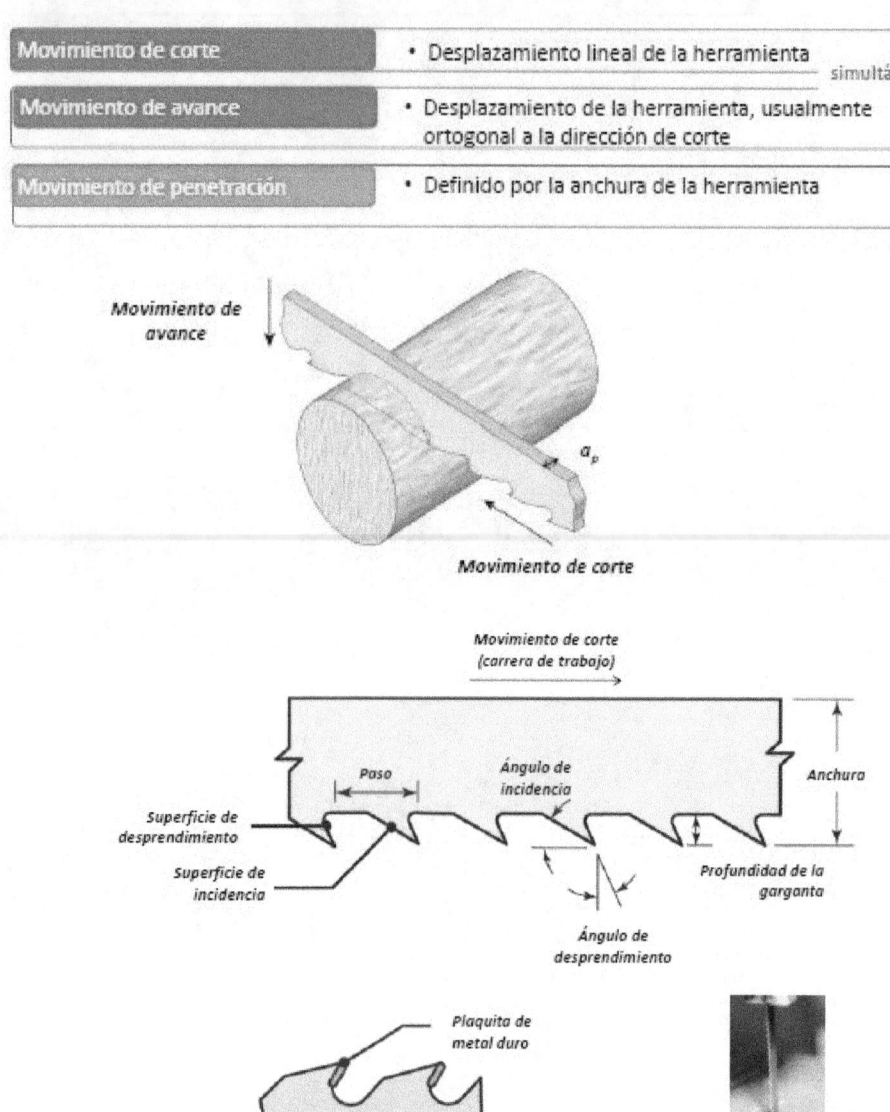

La máquina que nos permite realizar este proceso recibe también el nombre de *sierra*:

147

CAPÍTULO 18: Mecanizado de agujeros

En este capítulo se incluyen aquellos procesos de moldeo por arranque de viruta destinados a la obtención de orificios o agujeros en una pieza. Estos agujeros pueden ser *pasantes* (atraviesan toda la pieza) o ciegos (no se atraviesa por completo la pieza).

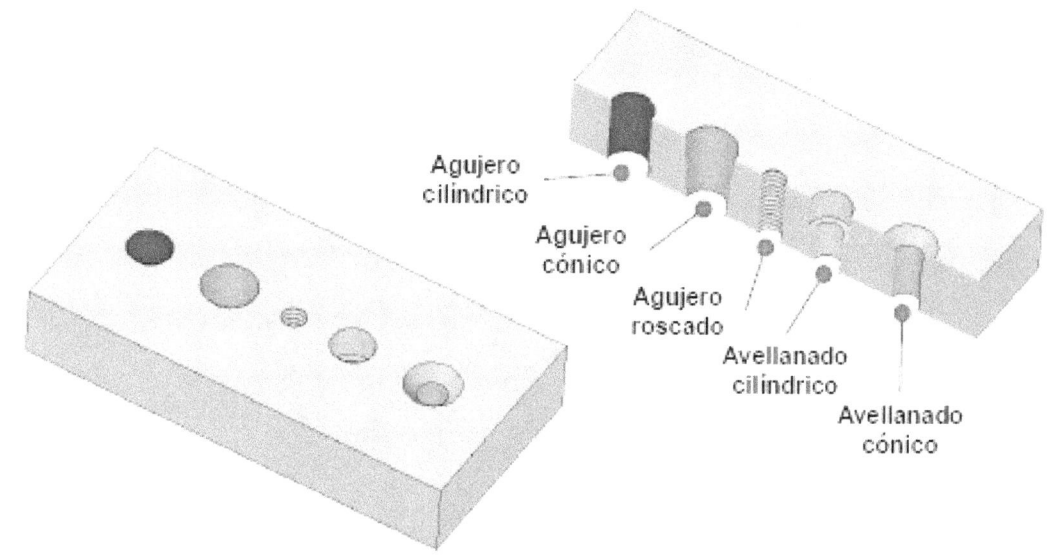

Un resumen de las características generales de este tipo de procesos lo encontramos en la siguiente tabla:

Materiales		
• Metales, plásticos, cerámicas, madera		

Calidad del producto	Taladrado	Escariado
Tolerancias para ⌀10mm [mm] :	±0,04 a ±0,2	±0,005 a ±0,02
Rugosidad media Ra [μm]:	12,5 – 0,4	6,3 – 0,4

Aspectos económicos	Taladrado	Escariado
Tasa de producción [piezas/h]:	10-500	10-500
Flexibilidad:	Alta	Alta
Coste de la máquina:	Bajo-Moderado	Bajo-Moderado
Coste de las herramientas y utillajes:	Bajo	Bajo
Coste de mano de obra directa:	Bajo	Bajo

3. Superacabado: proceso de acabado orientado a mejorar la calidad superficial. Puede alcanzar rugosidades de hasta N14 y proporcionar superficies con una elevada resistencia al desgaste. Distinguimos (a) un *superacabado cilíndrico* y (b) un *superacabado sin centros*.

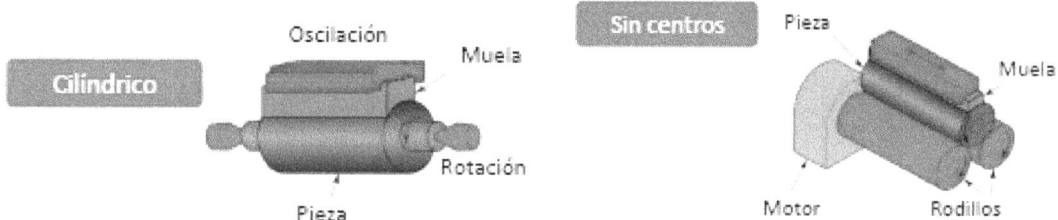

4. Pulido: proceso mediante el cual obtenemos superficies con aspecto brillante. Distinguimos (a) el *pulido con discos*, que se realiza con discos de fieltro o tela impregnados con la sustancia abrasiva, y (b) el *pulido con banda*, que se realiza con bandas sinfín que giran entre dos poleas de ejes paralelos, donde la pieza va apoyada sobre la cara exterior de la banda que va impregnada con el abrasivo.

CAPÍTULO 20: Procesos de corte de chapa

Los procesos de corte de chapa son procesos de separación que no emplean un esfuerzo mecánico para realizar el trabajo, a excepción de dos que veremos al término de este capítulo.

Aquellos que no requieren de un esfuerzo mecánico nos permiten prescindir de gran potencia mecánica en nuestras máquinas y de comprar herramientas desechables que generalmente son costosas. Estos procesos se basan en suministrar una gran energía a la pieza de trabajo. Este aporte de energía se realiza por medio de una boquilla con un determinado diámetro, el cual determina la anchura del corte (*Kerf*). Debido a la gran temperatura que se alcanza en algunos de estos procesos, pueden producirse cambios metalúrgicos en aquellas zonas afectadas por el calor. Estas zonas reciben el nombre de zonas térmicamente afectadas (ZAT) y nos obligan a realizar operaciones secundarias para tratar dicho daño térmico.

A continuación vamos a analizar los procesos más importantes en el corte de chapas. Un resumen de los mismos puede verse en la siguiente imagen:

TÉRMICOS

    OXICORTE (químico)

    PLASMA

    LASER

EROSIÓN

    AGUA

    AGUA CON ABRASIVO

MECÁNICOS

    PUNZONADO

    CIZALLADO

    SERRADO

20.1 Oxicorte

El oxicorte es un proceso químico-térmico. Lo que se logra es la combustión y oxidación del material a cortar. Pero, ¿cómo se logra?

Los orificios periféricos de la boquilla transfieren primero una gran cantidad de calor al material a través de una llama, precalentando el material hasta la *temperatura de ignición* (temperatura necesaria para que la sustancia empiece a arder sin necesidad de transmitirle más calor. Suele ser más baja que la temperatura de fusión). Después, se expulsa por el orificio central un chorro a presión de oxígeno puro (O_2), que produce la oxidación y combustión del material, saliendo el material despedido en forma de escoria dada la alta presión del chorro.

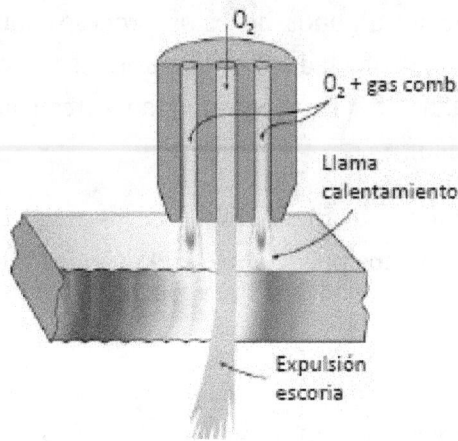

Los gases combustibles empleados en el precalentamiento de la chapa pueden ser, por ejemplo: el acetileno, el propano, el propileno o el gas natural. Y se emplean para piezas de trabajo hechas de materiales oxidables, lo que supone una limitación.

Las principales ventajas e inconvenientes de este proceso son:

20.2 Corte por plasma

Este proceso surgió para subsanar las deficiencias del oxicorte. El plasma es el 4º estado de la materia, donde esta posee una gran energía, y se identifica comúnmente con un gas ionizado a alta temperatura. Esta tecnología nos permite focalizar una gran energía en una pequeña superficie. Este hecho, nos proporciona una mayor velocidad de corte que el oxicorte. Debido a la alta temperatura que se alcanza en este proceso, se realiza un corte por fusión. Este proceso es mucho más costoso que el oxicorte debido a los electrodos que se emplean y la complejidad de las boquillas. Además, el corte por plasma emite radiación ultravioleta y humos perjudiciales.

Distinguimos dos variantes dentro del corte por plasma:

1. Corte por plasma con arco transferido: proceso en el cual conseguimos el chorro de plasma haciendo saltar un arco eléctrico entre la boquilla y la pieza de trabajo. La boquilla tiene en su interior un electrodo que funciona como un cátodo (-). Al ser el ánodo (+) la pieza de trabajo, los electrones del cátodo de la boquilla se transfieren hasta la pieza, formando un arco eléctrico de gran energía. Esta energía hace que el gas que circula por el interior de la boquilla se ionice y pase a un estado de plasma. Con este plasma es con el que realizamos el corte de la chapa, fundiendo el metal.

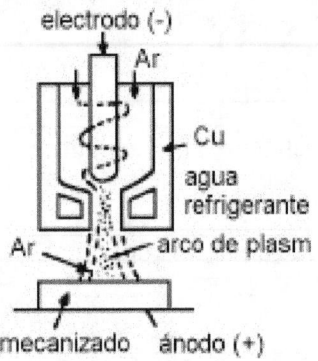

2. <u>Corte por plasma con arco no transferido</u>: en este caso, el arco eléctrico se hace saltar entre el electrodo de la boquilla, que funciona como cátodo (-) y el material de recubrimiento de la misma, que funciona como ánodo (+). El plasma sale reconducido por la boquilla en dirección a la pieza de trabajo.

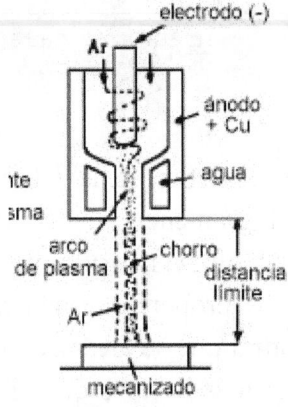

Para que el chorro de plasma no se desvíe mucho y sea limpio, se suele proteger con agua u otro líquido, con algún gas, etc. En función de esto distinguimos:

– <u>Corte por plasma en seco o al aire</u>: el chorro de plasma o (a) no es protegido o (b) es protegido por un gas en vez de por un líquido.

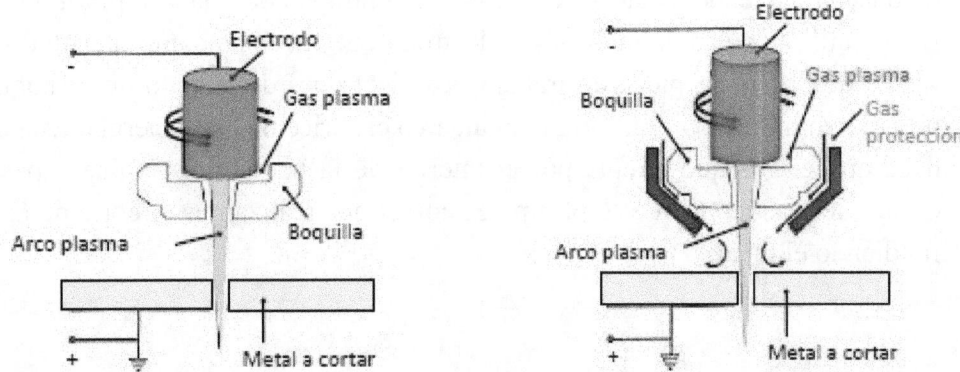

– <u>Plasma con agua</u>: el chorro es protegido (a) por una cortina de agua, o bien (b) se sumerge la boquilla entera en agua. Este último método, que recibe el nombre de *arco sumergido*, reduce el ruido y la radiación ultravioleta, evita la formación de humos malignos. Si bien, se reduce la velocidad de corte y puede haber riesgo de pequeñas explosiones.

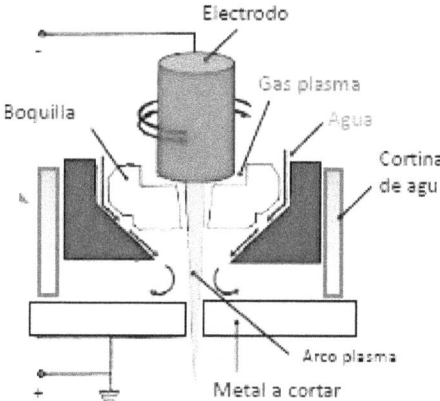

– Plasma de alta definición: se logra una mayor concentración de la energía al triplicar el amperaje para formar el arco. Esto nos proporciona una mayor calidad y velocidad en el corte. Este proceso es tan bueno que es comparable con el proceso de corte por láser que veremos a continuación.

El proceso de corte por plasma es aplicable a todos aquellos materiales conductores de la electricidad, como lo aceros y los materiales inoxidables. En definitiva, aquellos materiales que no son convenientes para ser tratados por oxicorte.

Los gases que se emplean en este proceso dependen del material que se esté cortando, entre otras cosas.

Material	Gas de corte	Gas de protección	Rango aplicación
Acero	Aire	Aire	1 a 20 mm espesor
	O_2	Aire	Espesores < 6 mm
Inoxidable	Aire	Aire	Espesores < 6 mm
	N_2	N_2 + propano	Alta calidad pieza (e <<)
	$Ar/H_2/N_2$	metano	Grandes espesores + calidad
	Ar/H_2	N_2	Grandes espesores
Aleaciones Al	Aire	Aire	Bajo contenido Al
	N_2	N_2	1 a 3 mm espesor
	N_2	N_2 + propano	2 a 19 mm espesor
	Ar/H_2	N_2	Grandes espesores

Las principales ventajas e inconvenientes de este proceso son:

Ventajas

Más rápido que Oxicorte en espesores < 30 mm

Coste inferior a Láser o Agua

Buena relación velocidad / calidad

Corta cualquier material conductor de la electricidad

Los gases usados son de bajo coste

Inconvenientes

Zona Afectada Térmicamente

Formación de escoria en la parte inferior del lado de corte

Ruidoso (sobre todo en grandes espesores)

Produce humos en el corte en seco

Coste elevado de consumibles (boquillas, electrodos)

20.3 Corte por láser

Este proceso emplea el láser como elemento básico de funcionamiento. El láser, por sus siglas en inglés *Light Amplification by Stimulated Emission of Radiation*, es un dispositivo que genera un haz de luz coherente o en fase tanto espacial como temporalmente. El láser es capaz de concentrar una gran cantidad de energía en un punto. Por medio de una serie de espejos, el haz es llevado desde el dispositivo láser o *resonador*, hasta la boquilla o cabezal de corte. Se trata de un proceso muy caro, algo más que el corte por plasma de alta definición, pero con unos resultados y rendimientos excelentes. El láser vaporiza el material al entrar en contacto con esta. Por eso, se dice que realiza un corte por vaporización. El láser más empleado es el de CO_2.

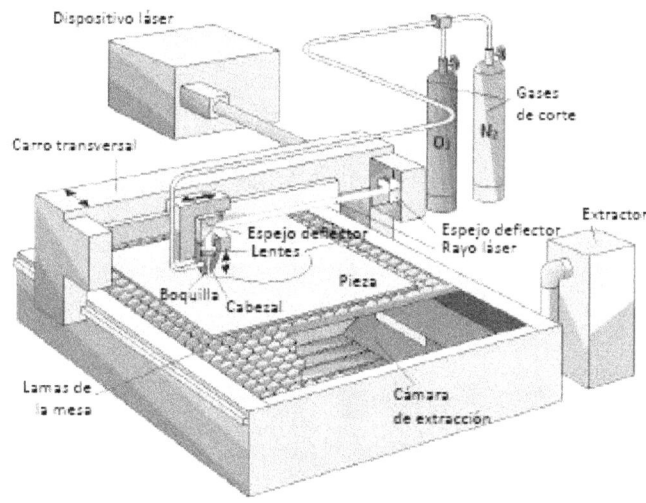

Las principales ventajas e inconvenientes de este proceso son:

Ventajas

Más rápido que Plasma de Alta Definición

Corta perfiles de forma compleja

Elevada precisión y calidad de piezas cortadas (sobre todo en espesores pequeños y medianos)

Ancho del corte (kerf) reducido (incluso desde < 0.1 mm)

Zona Afectada Térmicamente muy reducida

Variedad de materiales a cortar

Muchas aplicaciones: *Corte, Soldadura, Marcado y Tratamientos superficiales*

Inconvenientes

Dificultad para cortar materiales reflectantes y transparentes

Velocidad reducida para espesores elevados

Inversión inicial elevada (en comparación con oxicorte, plasma o agua)

20.4 Corte por agua

En este proceso se emplea un chorro de agua mezclada con un abrasivo a mucha presión para realizar el corte. El abrasivo suele ser partículas del mineral conocido como *granate*. Si bien se puede emplear únicamente agua, su poder de corte es mucho más alto con el abrasivo. Por eso se dice que es un corte por erosión.

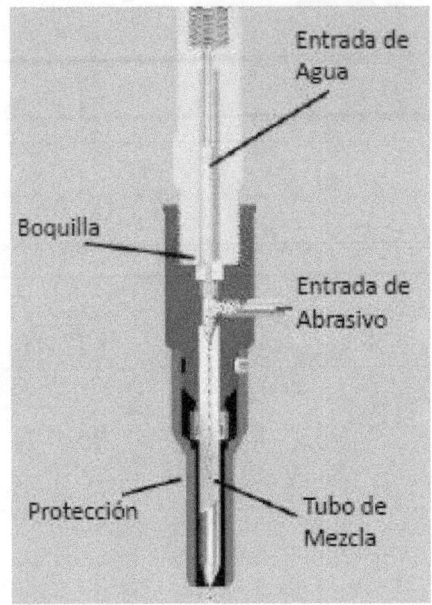

El corte por agua presenta un par de problemas con respecto a otros procesos:

– El corte se realiza con una gran conicidad. El cono se va "abriendo" a medida que el chorro penetra en el material. Por eso, influye mucho el espesor de corte.

– El acabado superficial depende de la velocidad de corte. Cuanto más rápido vaya el proceso, más deflexión sufre el chorro de agua y, con ello, peor es el acabado.

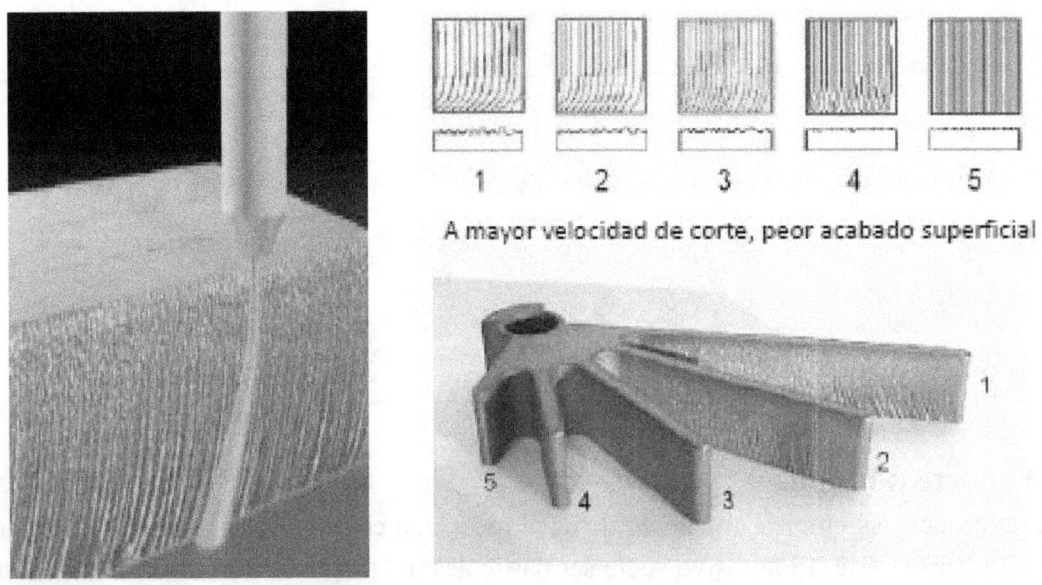

A mayor velocidad de corte, peor acabado superficial

Un esquema de la máquina empleada en este proceso, que es la que bombea el agua, es:

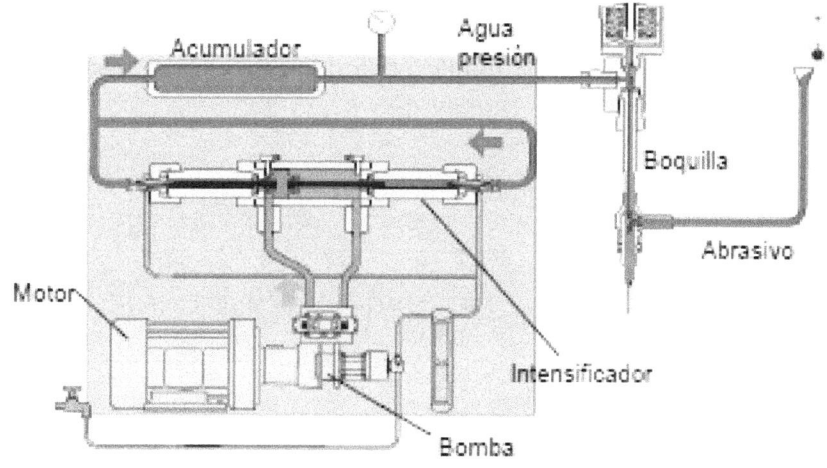

Las principales ventajas e inconvenientes de este proceso son:

Ventajas

No se origina Zona Afectada Térmicamente

Puede cortar cualquier material con amplio rango espesores

No requiere operaciones secundarias

Ancho del corte (Kerf) reducido (0.5 – 1 mm)

Fuerza de corte pequeña (1.4 – 2.3 kg)

Proceso limpio, sin gases

Puede realizar agujeros para iniciar corte

Proceso seguro (baja compresibilidad del agua)

Corta formas y geometrías de gran detalle

Inconvenientes

Más lento que oxicorte, plasma o láser

Coste elevado de boquillas y abrasivo (0.23 kg/min a 1 kg/min)

Ruido

Inversión inicial elevada (mayor que oxicorte o plasma)

Donde el coste de operación, que incluye las boquillas y los abrasivos, constituye una tercera parte del coste total del proceso.

20.5 Punzonado y troquelado

El *punzonado* es un proceso de corte donde predomina un esfuerzo por cizalladura. Por eso, se dice que realiza un corte por cizalladura.

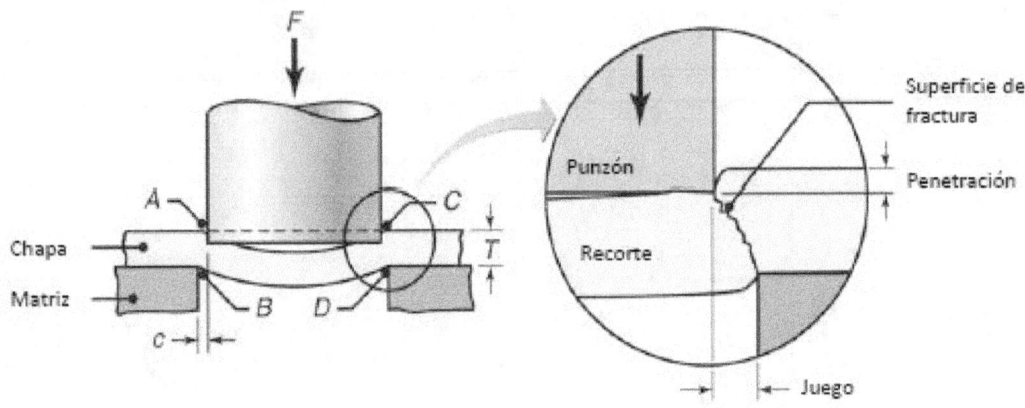

En este proceso interesa tener una amplia zona bruñida, pero sin que sea tan amplia que necesitemos mucha fuerza para realizar la separación de material. Es un proceso que se realiza a un gran ritmo de trabajo. El parámetro fundamental es el *juego de corte*, que es la diferencia entre la longitud de la sección del punzón y la longitud de la sección del orificio por donde penetra dicho punzón. Conviene que este juego no sea ni muy ancho ni muy estrecho, pues de lo contrario las grietas que se producen a ambos lados de la chapa tras la acción del punzón no convergerían, dejándonos un muy mal acabado en el corte.

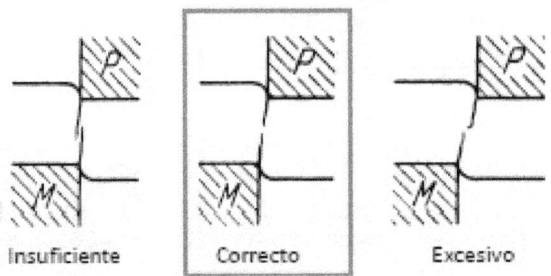

Como resultado final obtenemos:

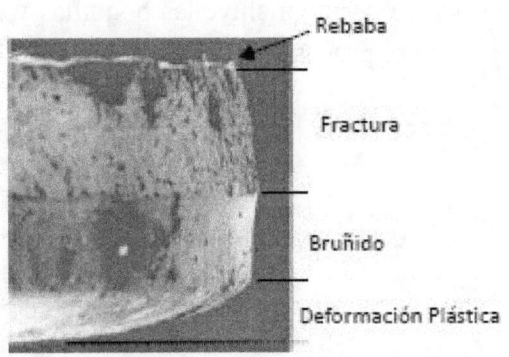

174

Este proceso puede emplearse también para realizar pequeñas deformaciones plásticas y, como podemos ver, no permite de forma directa el corte de grandes longitudes.

La herramienta que se emplea recibe el nombre de *punzón*, el cual se complementa con la matriz. A la máquina que integra estos dos componentes se le llama *punzonadora*.

Con una punzonadora de control numérico, sí podemos cortar longitudes mayores. Este proceso recibe el nombre de *mascado*, y consiste en ir golpeando con el punzón todo un contorno.

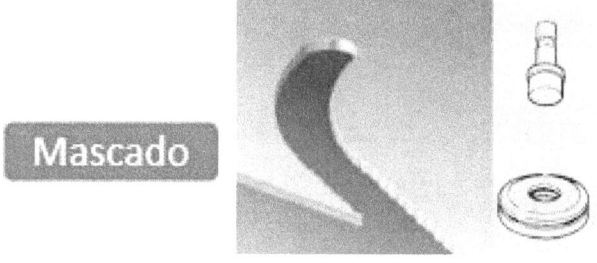

Las principales ventajas e inconvenientes del punzonado son:

Ventajas

Permite cortar y además operaciones de conformado

Más barato que el Láser para el corte de golpes sueltos (tiempos = décimas segundo)

En la actualidad hay máquinas de mucha velocidad (1200 golpes/min en punzonado y 2800 golpes/min en mascado)

Inconvenientes

Requiere operaciones secundarias de acabado (cuello de botella)

Problemas para cortar espesores muy elevados (agujeros de gran diámetro)

Coste de herramientas y reafilado

El *troquelado* nos permite obtener varias características en una sola bajada del *troquel*. Distinguimos:

– <u>Troquelado en matriz compuesta</u>: permite obtener varias características en una sola bajada del troquel, como agujeros.

– <u>Troquelado en matriz progresiva</u>: permite obtener, además de varias características, pequeñas deformaciones.

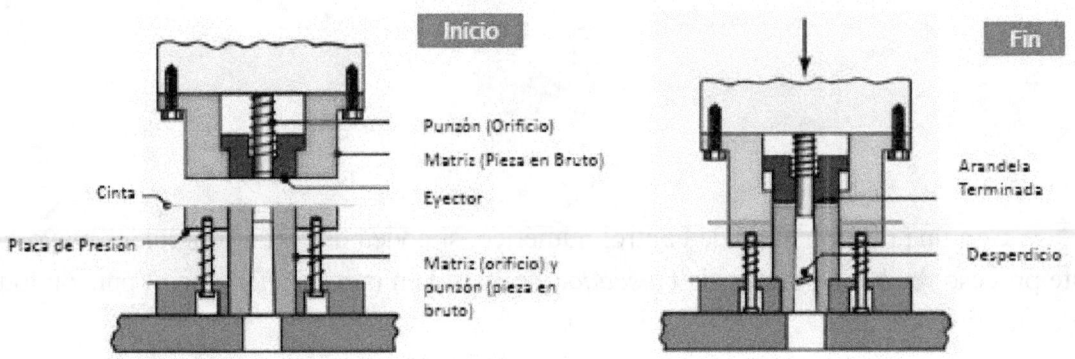

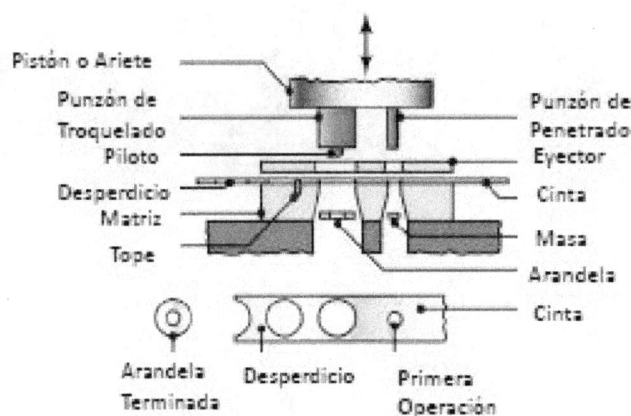

20.6 Resumen

A continuación se adjuntan unas tablas comparativas con algunas magnitudes de los procesos que hemos visto en este capítulo:

1. Tabla de velocidades de corte:

Material	Espesor (mm)	Velocidad (mm/min)				
		OXICORTE	PLASMA	AGUA	LASER CO_2 (1 kW)	LASER Nd:YAG (0,8 kW)
Acero	5	700	4500 (*)	200	2200	600
Acero	20	400	2000 (*)	50		-
Inoxidable	3	-	5000 (**)	200	6500	900
Inoxidable	40	-	500 (*)	10 – 20		-
Aluminio	2	-	6000 (**)	800	1000	1200
Aluminio	40	-	1200 (*)	80		-

(*) N_2 y 500 A
(**) Ar/H_2 y 240 A
(***) Potencia láser = 1000 W

2. Tabla de espesores:

Material	Oxicorte	Plasma	Plasma alta definición	Agua Abrasivo	Láser CO_2	Láser Nd-YAG	Punzonado
Acero al C	500	90	13	180	20	10	10
Inoxidable	-	90	13	100	12	10	10
Aluminio	-	150	13	180	10	5	10
Cobre	-	60	13	100	-	5	10
Níquel	-	75	13	75	10	10	-
Titanio	300	75	13	180	10	10	-
Madera	-	-	-	100	25	-	
Papel	-	-	-	-	Var.	-	Var.
Polímeros	-	-	-	Var.	20	-	Var.
Vidrio	-	-	-	Var.	2	-	-
Cerámica	-	-	-	Var.	2	2	-
Goma	-	-	-	Var.	10	-	Var.

CAPÍTULO 21: Procesos de mecanizado avanzado

Este tipo de procesos no emplean ningún tipo de esfuerzo mecánico. Además, suelen emplearse para finalizar una pieza que ha sido previamente mecanizada, para fabricar piezas de materiales difíciles de mecanizar por su dureza o fragilidad, con una gran complejidad en la forma o piezas que requieren una gran precisión y un buen acabado superficial. Son procesos lentos y con una tasa de arranque de material muy baja.

21.1 Mecanizado químico

Es un proceso de arranque de material basado en la acción química de reactivos tales como ácidos y soluciones alcalinas sobre el material a mecanizar. El ataque químico origina reacciones de oxidación en el material a mecanizar, lo que hace que iones de dicho material se disuelvan en el agente reactivo.

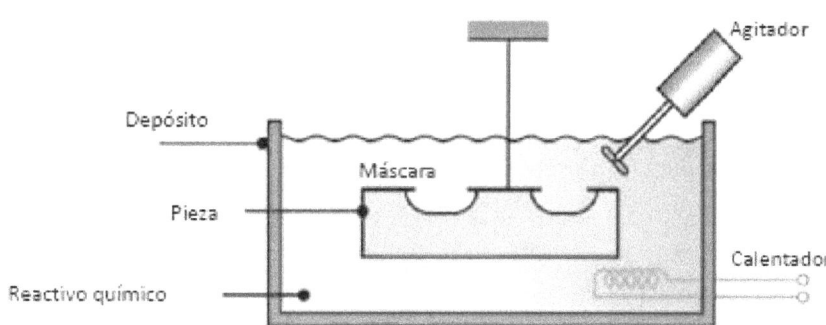

El proceso tiene una serie de etapas que son comunes a todas sus distintas variaciones y que nos permiten entender en qué consiste el mecanizado químico. Las etapas son las siguientes:

1. Preparación de la pieza a mecanizar.
2. Aplicación de una máscara sobre las zonas que no se desean mecanizar.
3. Ataque químico de la pieza.
4. Lavado de la pieza.
5. Eliminación de la máscara.
6. Inspección.

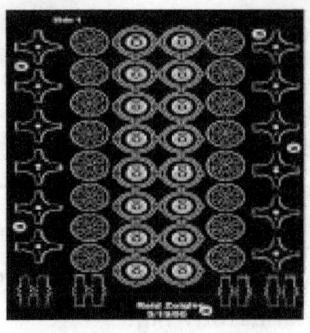 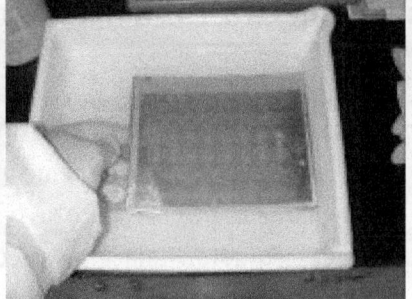 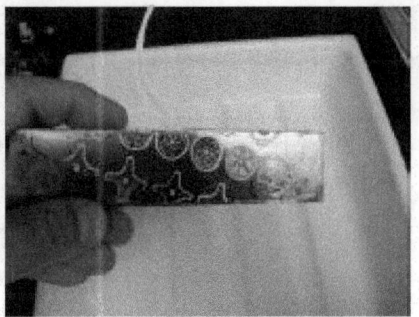

Diseño Máscara   Pieza+Máscara   Piezas Finales

La eliminación del material se realiza de forma simultánea en toda la pieza sin originar rebabas. La profundidad de corte se controla por medio del tiempo de ataque del material con el reactivo.

Este proceso tiene diversas variantes. Destacamos:

– <u>Fresado químico</u>: se usa para realizar vaciados, principalmente en grandes piezas, con profundidades menores de 12 mm. sin atravesar el espesor completo de la pieza.

– <u>Troquelado químico</u>: es el más empleado de todos. Es capaz de producir detalles y contornos que atraviesan completamente el material de la pieza mecanizada.

– <u>Mecanizado fotoquímico</u>: mecanizado químico en el que se utilizan técnicas fotográficas para crear la máscara. (1) Se crean unos negativos con la forma del contorno de la pieza que se desea obtener, (2) se limpia el material a mecanizar y (3) se recubre con un material sensible a la luz ultravioleta, (4) se colocan los negativos y se expone el conjunto a luz ultravioleta para eliminar el recubrimiento en algunas zonas, (5) se aplica el agente reactivo para eliminar material en las zonas no protegidas y (6) se obtiene la pieza tras retirar los negativos y el recubrimiento.

1  Hacer negativos (superior e inferior)

4  Colocación negativos y aplicación de luz ultravioleta para eliminar recubrimiento en algunas zonas

2  Limpieza material a mecanizar

5  Aplicación agente reactivo para eliminar material en zonas no protegidas

3  Recubrimiento con material sensible a luz ultravioleta

6  Retirada de negativos y recubrimientos

El mecanizado químico presenta una serie de inconvenientes:

- – Profundidad de corte reducida.
- – El material a mecanizar debe tener una estructura homogénea.
- – Dificultad para producir esquinas angulosas.

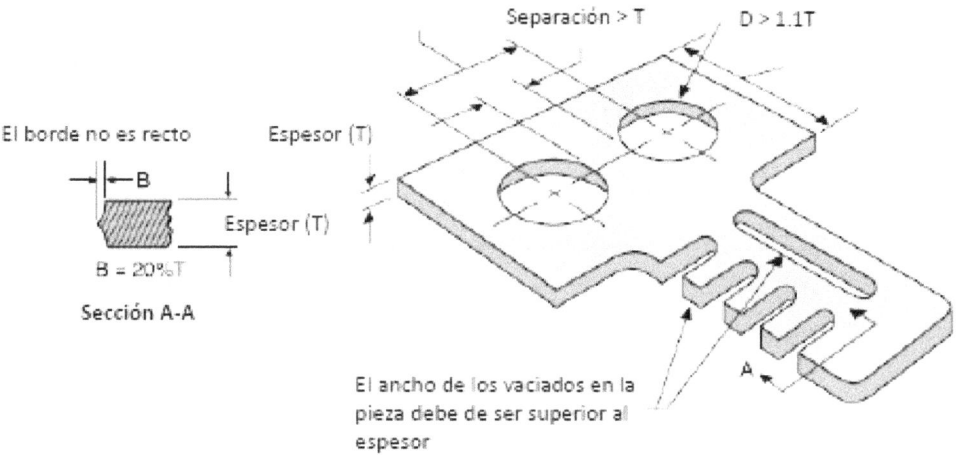

21.2 Mecanizado electroquímico

El mecanizado electroquímico permite reproducir la forma y dimensiones de la herramienta (que actúa como cátodo) sobre el material (que actúa como ánodo) debido a la disolución anódica provocada en presencia de un electrolito que fluye entre la pieza y la herramienta. Los átomos desprendidos tienden a depositarse sobre el cátodo, pero la corriente del electrolito entre cátodo y ánodo los arrastra. Este último hecho supone que la herramienta sufre un desgaste prácticamente nulo, por lo que la vida de herramienta puede considerarse infinita.

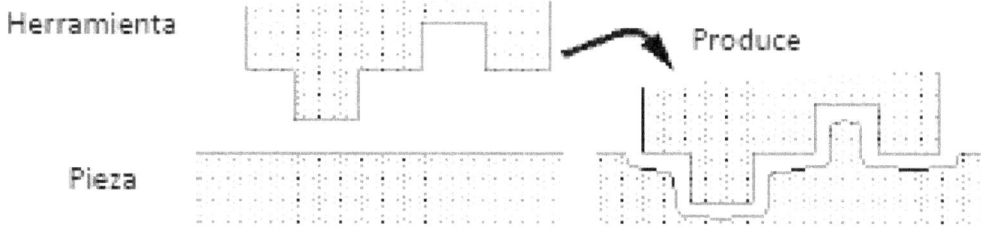

Este proceso nos permite obtener la forma en negativo de la herramienta. Esta característica hace al mecanizado electroquímico un proceso ideal para la fabricación de moldes. Los moldes, no obstante, necesitan tratamientos térmicos adicionales, entre otros procesos. Se trata, además, de un proceso muy caro por la dificultad de fabricación del cátodo.

Las principales características de este proceso son:

– No existe contacto entre la herramienta y la pieza. Están separados una distancia de 0.1 a 0.4 mm y por lo tanto no existen esfuerzos mecánicos ni térmicos que puedan desgastar la herramienta.

– No se producen rebabas en el material mecanizado.

– Permite obtener formas complejas con acabado superficiales muy buenos, difíciles de conseguir por otros medios en materiales de gran dureza.

– Aplicable a materiales conductores de la electricidad de gran dureza o frágiles.

– La herramienta avanza sobre la pieza a medida que va eliminando material.

– El electrolito fluye entre la herramienta y la pieza a alta velocidad (5 a 50 m/s). Su presión no es muy elevada, pero al aplicarse a una superficie de gran tamaño puede originar fuerzas muy elevadas.

21.3 Electroerosión

El electrodo o herramienta se conecta al polo negativo de un generador de corriente continua y la pieza al polo positivo. Cuando la diferencia de potencial entre la herramienta y la pieza es suficientemente alta, el dieléctrico que los separa se "rompe" y se produce un canal de corriente entre ambos. Los electrones y los iones positivos libres se aceleran y colisionan entre sí originando una elevada temperatura (entre 8000 y 12000 °C) capaz de fundir localmente el material de la pieza. Al cortarse la corriente, desciende la temperatura y las partículas (con forma de esfera) de material fundido son expulsadas de la superficie del material.

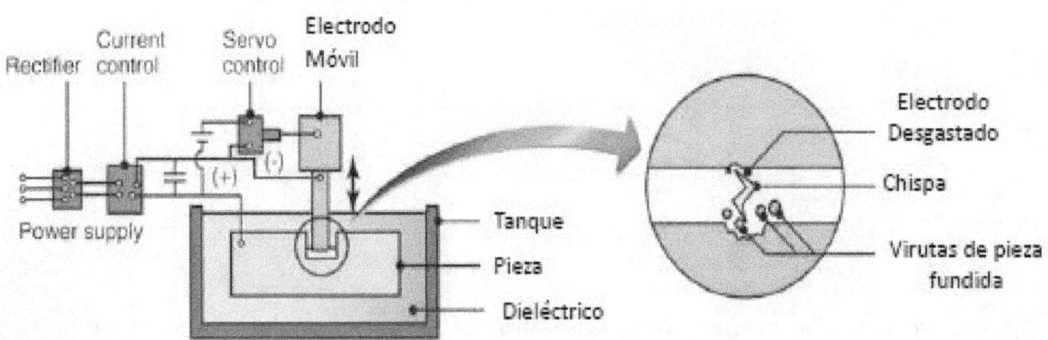

Las principales características del proceso son:

– Se mecaniza cualquier metal conductor de electricidad independientemente de su dureza.

– Permite el mecanizado de formas complejas.

– No hay contacto entre la pieza y la herramienta.

– Las partículas arrancadas en forma de esferas producen cráteres sobre la superficie de la pieza mecanizada.

– No origina rebabas.

– Elevada precisión.

Este proceso tiene dos variantes principales: *electroerosión por penetración* y *electroerosión por hilo*. Nos vamos a centrar en esta última.

En la electroerosión por hilo se emplea un hilo conectado al polo negativo. Esto permite realizar formas de muy pequeño grosor y que son muy útiles, por ejemplo, en la fabricación de matrices para la extrusión. El hilo que se emplea es siempre hilo nuevo, pues el empleado ha sufrido un desgaste importante.

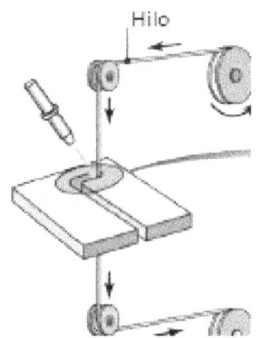
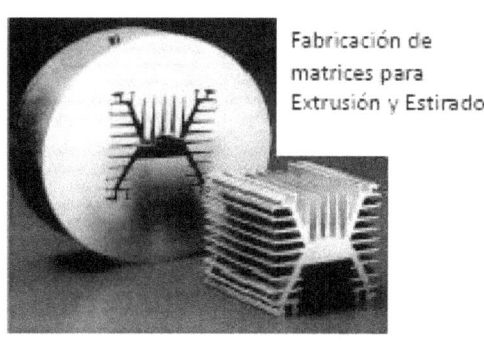

Para finalizar, debemos mencionar los inconvenientes del proceso de electroerosión:

– Limitación a piezas conductoras de electricidad.
– Consumo de electrodos.
– Afectación térmica del material.

184

CAPÍTULO 22:   Procesos de agregación

Los procesos de agregación nos permiten muchas veces fabricar piezas cuya geometría sería prácticamente imposible de realizar con procesos de mecanizado. Distinguimos tres tipos de procesos de agregación:

1. Fabricación por capas.
2. Recubrimientos electrolíticos.
3. Electroconformado.

A continuación vamos a estudiar cada uno de ellos detalladamente.

22.1 Fabricación por capas

Los procesos de fabricación por capas son procesos de adición de material que generan la pieza a partir de la unión de diferentes capas correspondientes a secciones transversales de la pieza obtenidas directamente del modelo 3D diseñado en un sistema CAD.

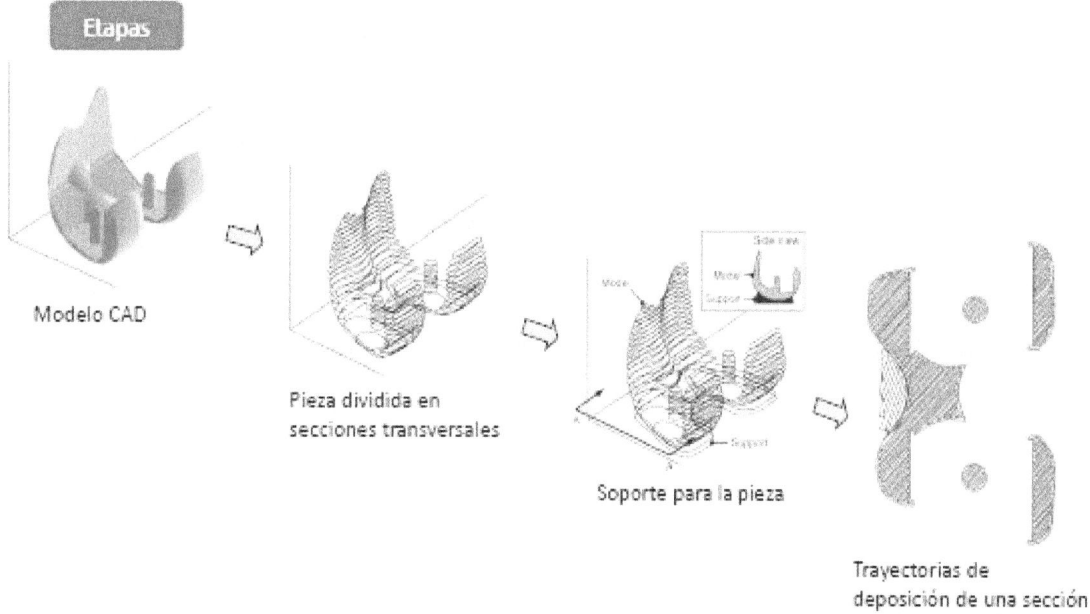

Etapas

Modelo CAD

Pieza dividida en secciones transversales

Soporte para la pieza

Trayectorias de deposición de una sección

Como podemos ver en la tercera etapa, la estructura necesita un material de apoyo, denominado *material de soporte*, cuyo objetivo es evitar el fallo de la estructura de la pieza durante la fabricación de la misma. Este material posee propiedades distintas de modo que podamos retirarlo por algún método mecánico o químico posterior sin dañar la pieza.

Estos procesos de fabricación tienen una serie de desventajas a tener en cuenta:

- Elevado coste de maquinaria y material.
- Procesos lentos.
- Tolerancias por encima de ±0.05 mm.
- Propiedades físicas y mecánicas inferiores.
- Limitación de materiales a emplear.
- Tiempos de espera para que el material endurezca.

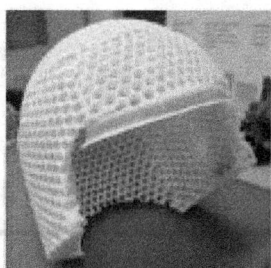 

Los procesos de fabricación por capas son muchos y variados. A continuación vamos a nombrar algunos de ellos:

- Fabricación por capas o aditiva (FDM): proceso con el que obtenemos piezas tridimensionales fabricadas con algún termoplástico. Consiste en un cabezal extrusor que eleva la temperatura del polímero y lo extruye, depositándolo por capas sobre una base. Este cabezal tiene un movimiento bidimensional, siendo la base la que proporciona el movimiento en el tercer eje. El cabezal dispone de dos boquillas: una para el material de la pieza y otra para el material base. Como vemos, es un proceso totalmente controlado por programas informáticos.

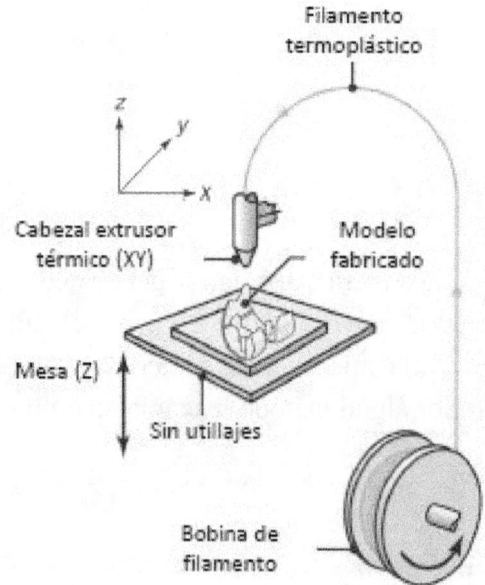

– <u>Estereolitografía</u>: es un proceso en el cual se polimeriza un material en estado líquido mediante luz ultravioleta. Esto se denomina *fotopolimerización*. El material se introduce en una cuba, la cual tiene además una plataforma con capacidad para desplazarse verticalmente. Por encima del líquido situamos la fuente de luz UV, que tiene un desplazamiento bidimensional en los ejes horizontales. De este modo, podemos polimerizar la estructura dentro de la cuba y, tras esperar a que endurezca lo suficiente, puede extraerse y someterse a otro proceso para conferirle una resistencia aceptable. El color de las piezas es amarillo-marrón translúcido. El volumen de trabajo de este proceso es muy limitado.

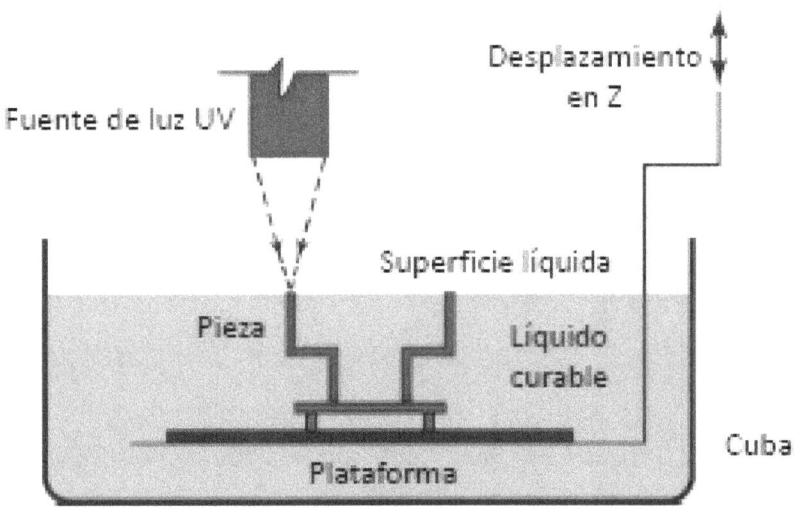

– <u>Modelado multijet/polyjet</u>: el proceso es similar al que podemos observar en una impresora de tinta convencional. Se deposita un fotopolímero que es inmediatamente curado por lámparas UV. Un inconveniente de este proceso es el elevado mantenimiento que requieren las máquinas.

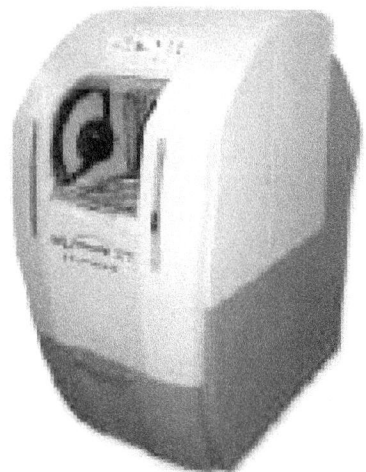

– Sinterizado láser selectivo (SLS): emplea polvos metálicos que son sinterizados por acción de un rayo láser. Así, capa a capa, la pieza es sinterizada en su totalidad. El material es provisto por un rodillo que esparce los polvos metálicos en toda la superficie. Un cilindro permite el retroceso vertical de la pieza, ofreciendo una nueva superficie para el sinterizado.

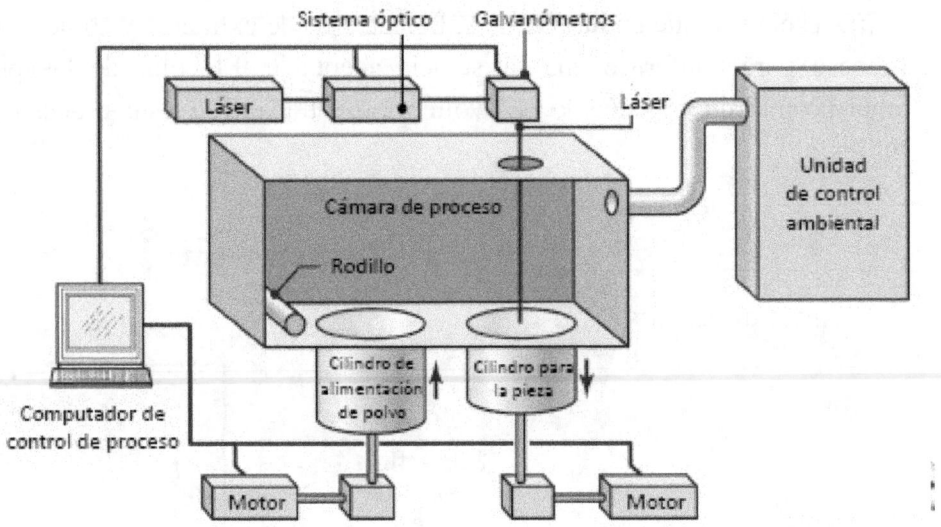

En este proceso no hace falta material de soporte. Además, podemos sinterizar también materiales no metálicos.

– Impresión tridimensional: el concepto es el mismo que el sinterizado láser selectivo. En este proceso se deposita material aglutinante sobre capas de polvos (polímeros, cerámicos o metálicos). De este modo, obtenemos una pieza tridimensional con una resistencia muy baja. Es el proceso típicamente empleado para hacer maquetas en arquitectura e ingeniería y pequeños mecanismos.

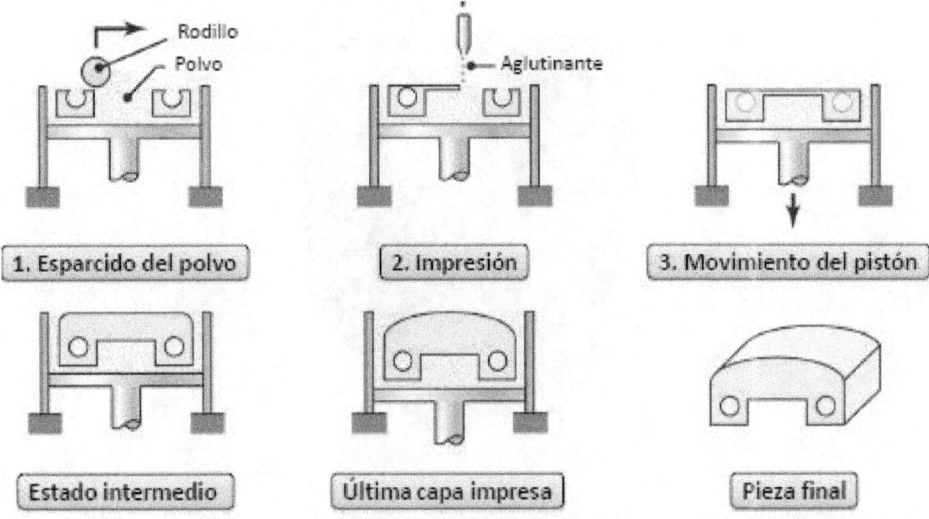

– Fabricación de objetos a partir de láminas: es hoy en día una tecnología obsoleta. Consiste en la acumulación de láminas cortadas y adheridas.

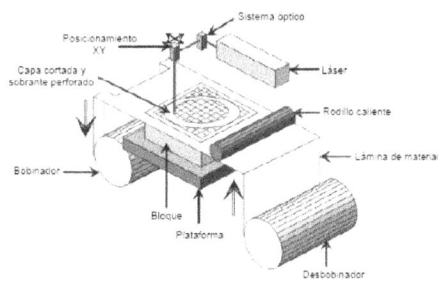

Todos estos procesos de fabricación por capas nos permiten llevar a cabo una serie de funciones que si bien no se corresponden con la fabricación de piezas funcionales que requieren gran exigencia, nos permiten realizar otras labores importantes. Destacamos tres de ellas:

1. Prototipado rápido: nos permite obtener un prototipo de un producto y tener una imagen tridimensional del producto final. Esto tiene connotaciones importantes de cara al diseño.

2. Fabricación directa de componentes: ciertos componentes cotidianos pueden fabricarse por estos procesos de fabricación. Un ejemplo muy claro sería la fabricación personalizada de células protectoras para la dentadura, en la que se hace un modelo CAD para cada paciente y es la máquina la que imprime ese componente a medida.

3. Fabricación rápida de componentes: útil para la fabricación de modelos para moldes de fundición, estampas, etc. El proceso de fabricación rápida de componentes sería:

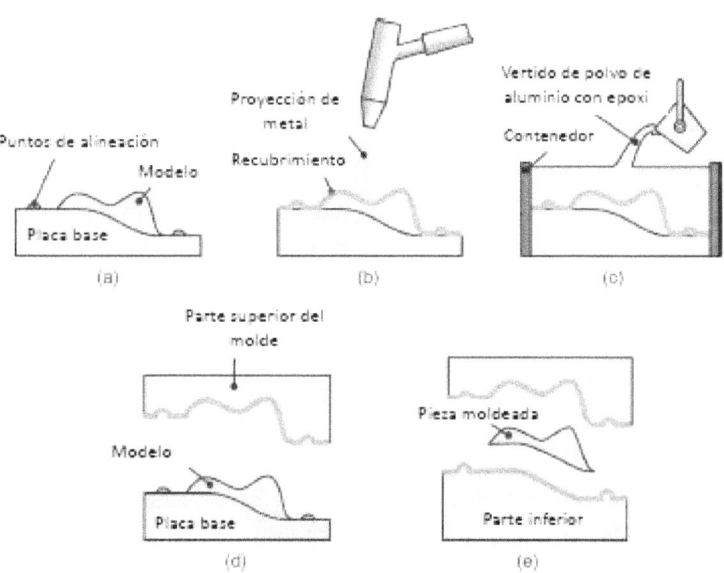

22.2 Recubrimientos electrolíticos

Está basado en el proceso de la electrólisis descubierto por Faraday: cuando dos metales, uno conectado al ánodo (+) y otro al cátodo (-) de una fuente eléctrica de corriente continua, se sumergen en un electrolito, se produce un desprendimiento de iones del ánodo que tienden a depositarse sobre el cátodo.

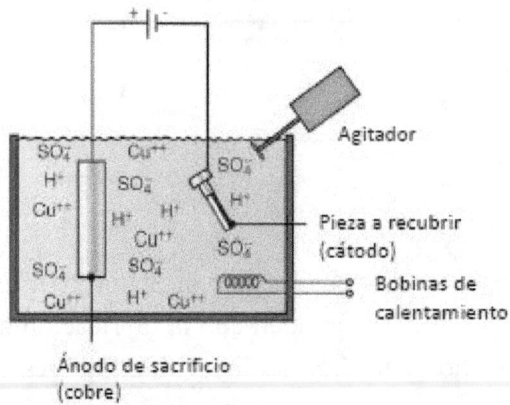

Los recubrimientos proporcionan una mayor resistencia al desgaste a nuestra pieza, protegen de la corrosión al metal que recubren, aumentan la conductividad eléctrica, dotan a la superficie de una apariencia más atractiva y mejoran el acabado superficial.

El tiempo requerido en el proceso es alto, al mismo tiempo que es difícil conseguir espesores uniformes en toda la superficie. Si dos materiales no se adhieren bien, pueden emplearse materiales intermedios.

Los tipos principales de recubrimientos y sus características son:

Proceso	Metal depositado	Propiedades adquiridas por la pieza	
Zincado	Zinc	• Resistencia a la corrosión	
Niquelado	Níquel	• Resistencia a la corrosión • Aspecto muy brillante • Conductividad eléctrica • Precapa para otros recubrimientos	
Cromado Cromado duro	Cu+Ni+Cr Cromo	• Resistencia al desgaste • Dureza • Resistencia a la corrosión • Apariencia	
Otros	Cobre, Estaño Oro, Plata, Platino		

22.3 Electroconformado

Está basado en el proceso de electrólisis descubierto por Faraday: cuando dos metales, uno conectado al ánodo (+) y otro al cátodo (-) de una fuente de corriente continua, se sumergen en un electrolito, se produce un desprendimiento de iones del ánodo que tienden a depositarse en sobre el cátodo.

El electroconformado es un proceso de fabricación de componentes por deposición de un metal sobre un mandril que al final es extraído o eliminado.

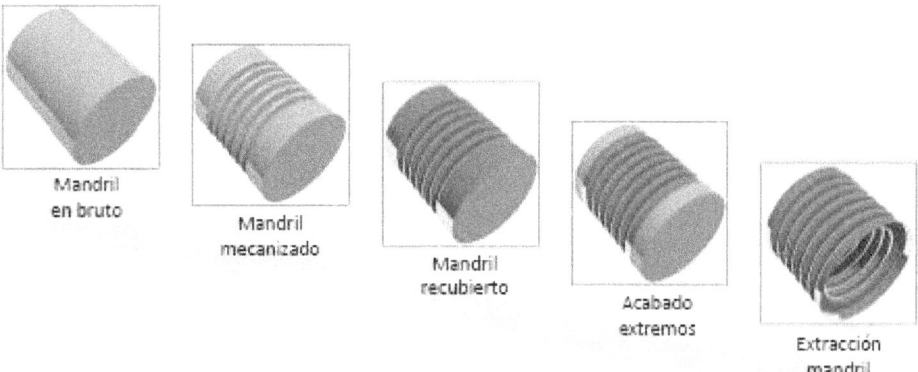

Las principales características de este proceso son:

– Tanto la pieza a fabricar o recubrimiento como el mandril deben ser conductores de la electricidad.

– Reproducción fiel de pequeños detalles.

– Proceso indicado para pequeño volumen de producción. Series pequeñas.

– Excelente acabado superficial y tolerancias muy estrechas.

Por otro lado, el principal inconveniente de este proceso es que se necesita mucho tiempo para conseguir unas pocas décimas de espesor.

CAPÍTULO 23:   Procesos de unión

Los procesos de unión implican, como su propio nombre indica, la unión de dos o más piezas entre sí. Una clasificación muy general de este tipo de procesos es la siguiente:

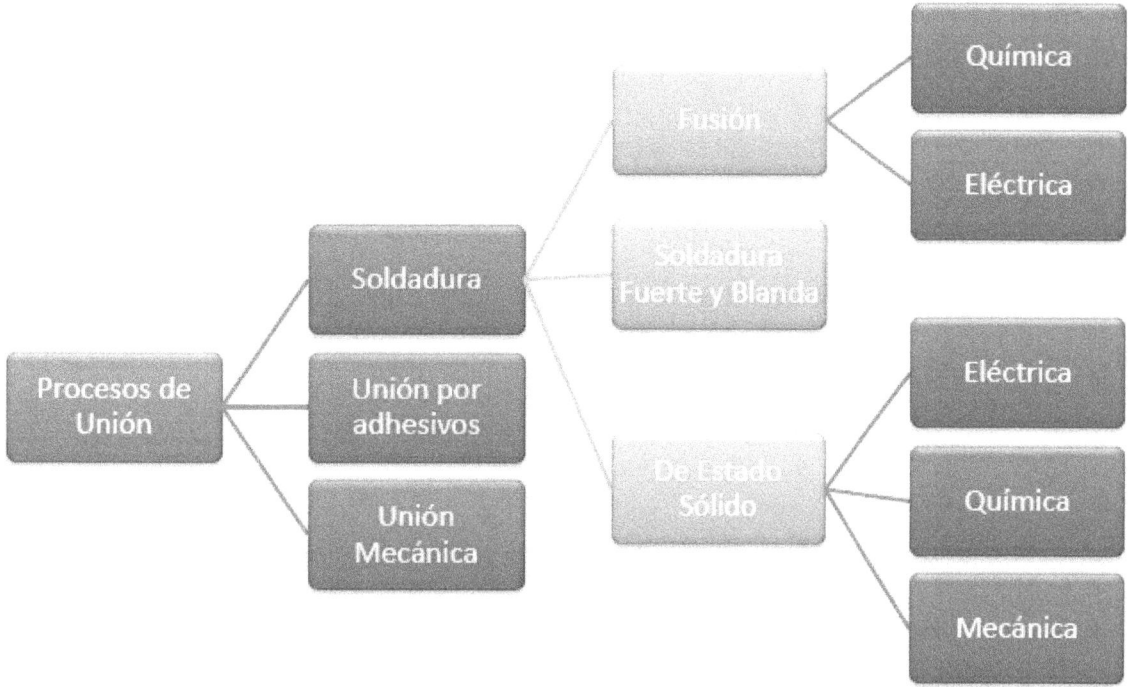

En este capítulo vamos a estudiar cada uno de estos procesos de forma más profunda.

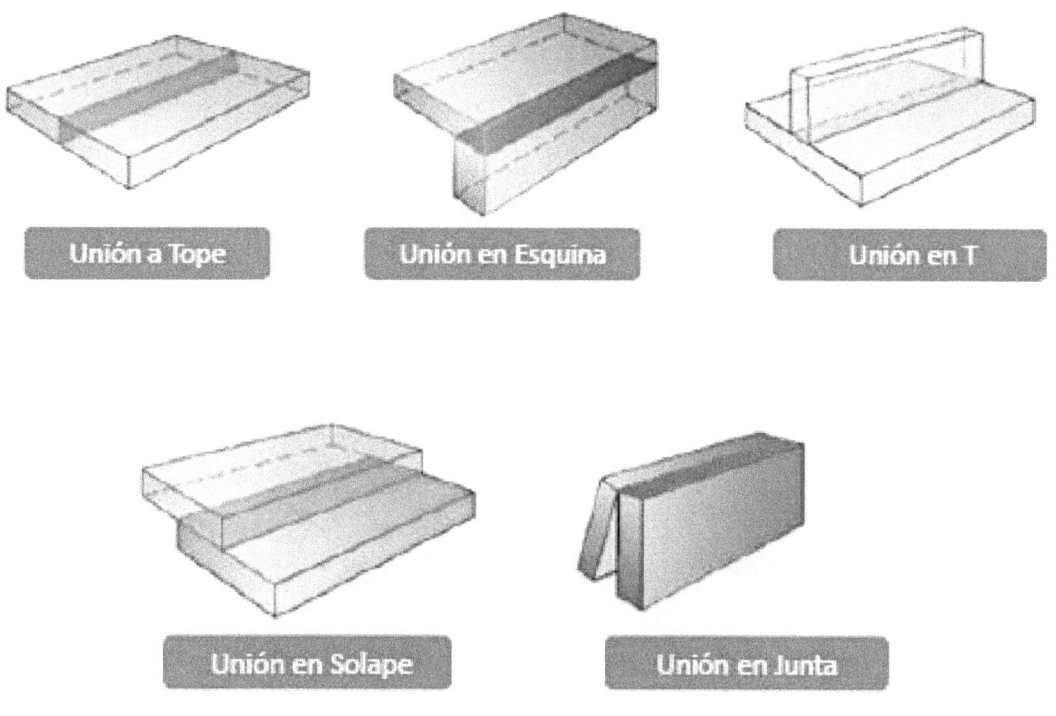

23.1 Soldadura por fusión

La soldadura por fusión se define como la fusión y coalescencia de materiales que se encuentran adyacentes por medio de calor usualmente suministrado por medios químicos o eléctricos. En estos procesos pueden utilizarse o no *materiales de aporte*, que son materiales que se suman al proceso de unión de dos piezas sin tener nada que ver con estas. Los materiales de aporte son usualmente materiales muy parecidos o iguales al de las piezas a soldar.

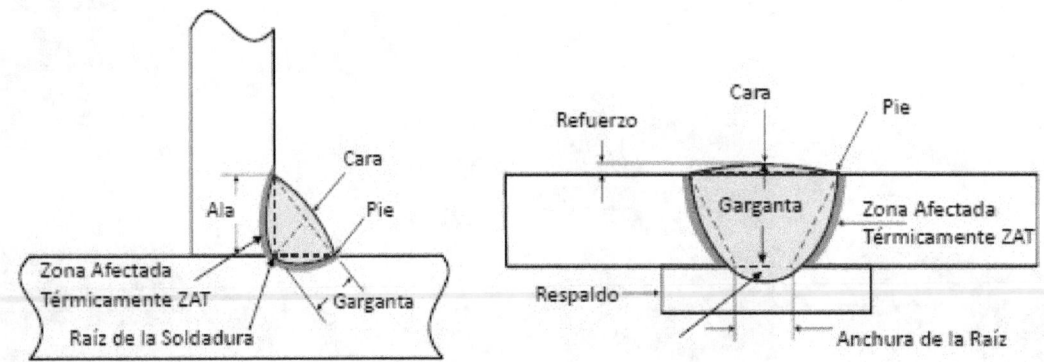

En todo proceso de soldadura, tenemos el llamado *cordón de soldadura*. Esta parte de la soldadura está formada por el material que se ha fundido y vuelto a solidificar para formas parte de la propia unión entre las piezas. Esta parte configura la más débil de la pieza, y es donde tendremos que vigilar para que no se produzca el fallo.

En estos procesos también existe una zona afectada térmicamente (ZAT), que introducen cambios metalúrgicos.

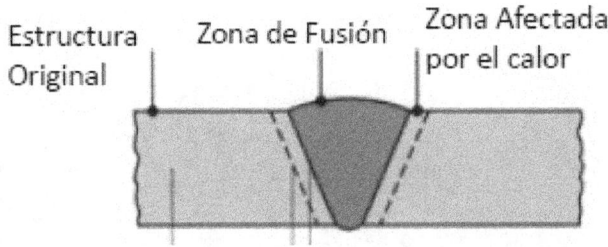

La dureza en la ZAT evoluciona del siguiente modo:

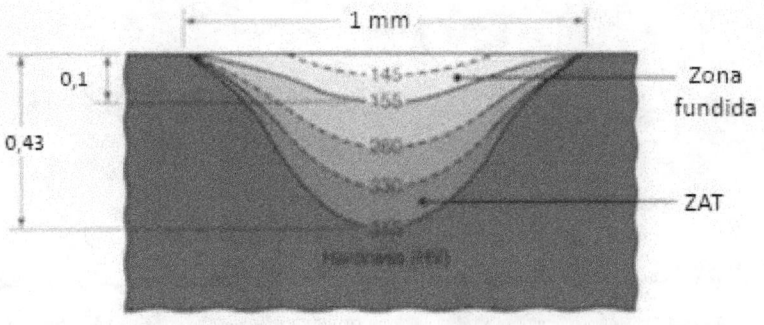

Los *materiales de aporte* se usan para suministrar metal adicional a la zona que se suelda; están disponibles en forma de varillas y pueden estar desnudos o recubiertos con *fundente*. El propósito del fundente es retrasar la oxidación de las superficies de las partes que se sueldan, al generar un escudo gaseoso en torno a la zona de soldadura. El fundente también ayuda a disolver y remover óxidos y otras sustancias de la zona de soldadura, lo que hace que la unión sea más fuerte.

La dificultad en el soldeo depende, aparte de cómo se realice esa unión, de la posición que el operario debe adquirir para realizarla:

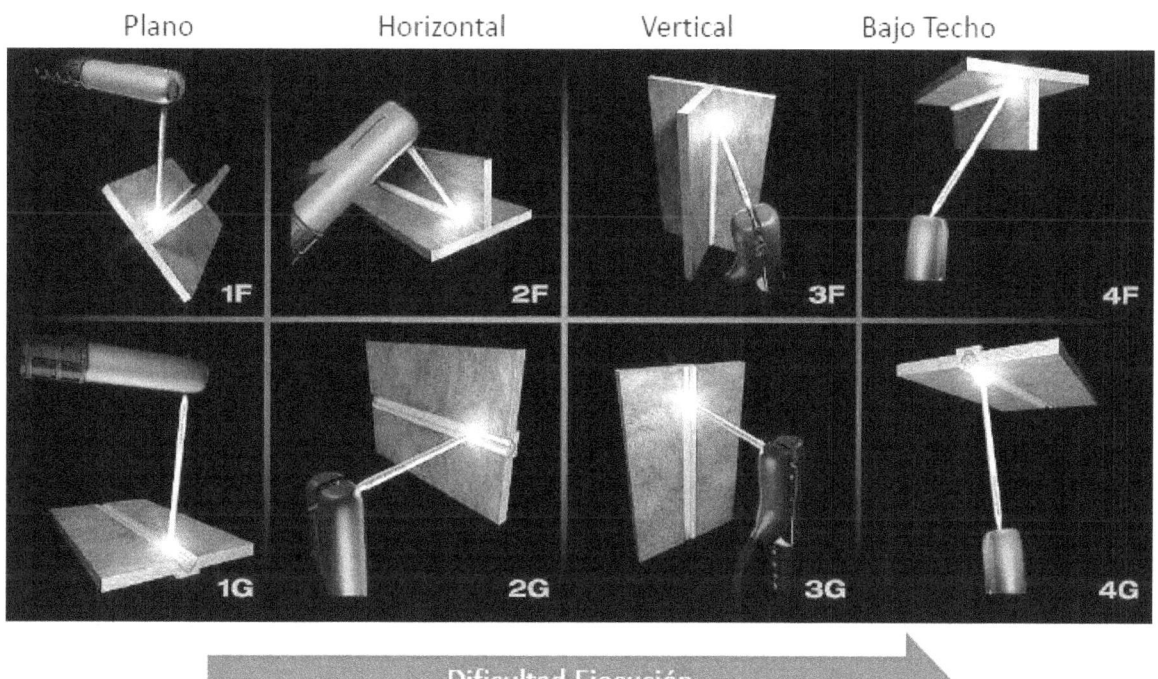

Dentro de la soldadura por fusión, distinguimos tres tipos:

1. <u>Soldadura oxiacetilénica</u>: es un término general para describir aquellos procesos de soldadura que use un gas combustible con oxígeno para producir llama, que es la fuente de calor requerida para derretir metales en la unión. El gas más común que se emplea en el proceso de soldadura es el acetileno; de ahí que el proceso se conozca como soldadura oxiacetilénica.

   La proporción de acetileno y oxígeno en la mezcla de gases es un factor importante en la soldadura con gas oxicombustible. A una razón de 1:1, se dice que la *llama es neutra*. Con un suministro mayor de oxígeno la llama puede ser dañina ya que oxida el metal; por esta razón a esta llama se la conoce como *llama oxidante*. Si el oxígeno es insuficiente, tendremos una *llama reductora*.

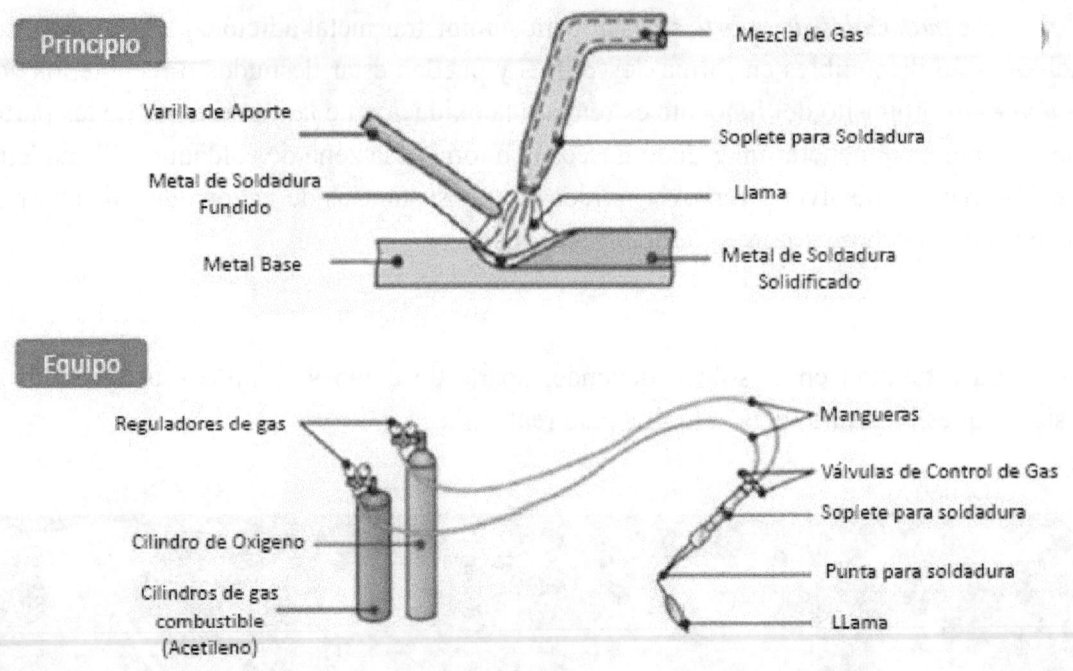

2. <u>Soldadura por arco de electrodo no consumible (TIG)</u>: en la soldadura por arco el calor requerido se obtiene de la energía eléctrica. El proceso implica, ya sea un electrodo consumible o no consumible, que se produce un arco entre la punta del electrodo y la pieza de trabajo a soldar. El arco genera temperaturas de cerca de 30000 °C, mucho más elevadas que las que se obtienen en la soldadura con oxiacetileno.

En los procesos de soldadura con electrodo no consumible, es común que se use un electrodo de tungsteno.

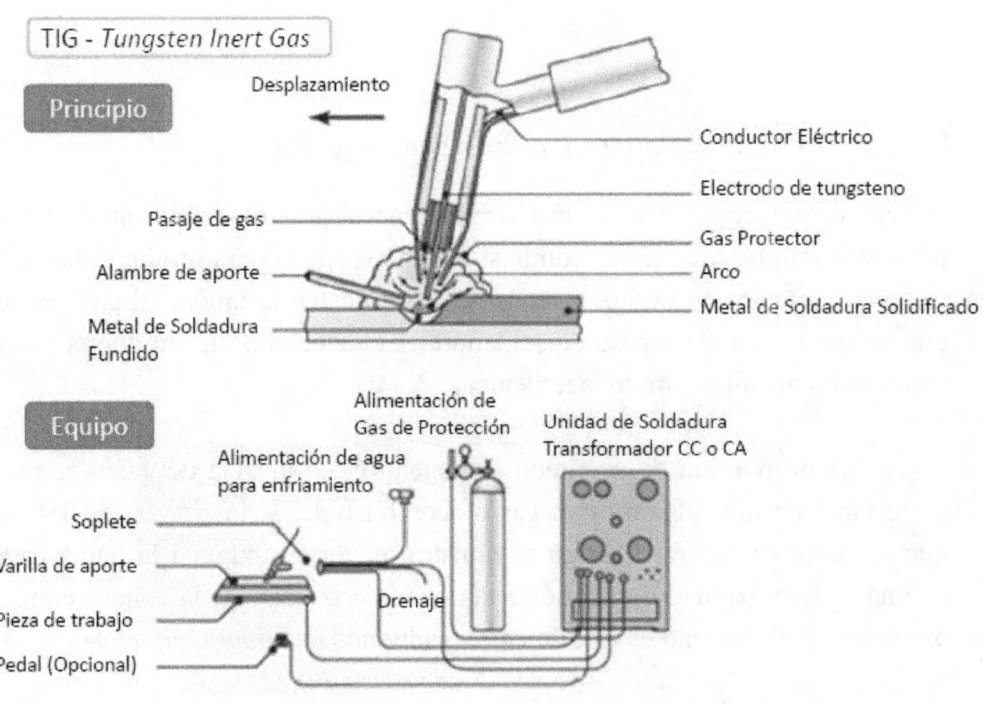

3. <u>Soldadura por arco de electrodo consumible</u>: hay varios procesos:

— <u>Electrodo recubierto (SMAW)</u>: la soldadura por arco de electrodo recubierto es uno de los procesos de unión más antiguos, sencillos y versátiles; en consecuencia, alrededor del 50% de toda la soldadura industrial se lleva a cabo con este proceso. El arco eléctrico se genera cuando la punta de un electrodo recubierto toca la pieza de trabajo y luego se retira con rapidez a una distancia suficiente para mantener el arco. El calor generado funde una porción de la punta del electrodo, su recubrimiento, y una porción de la pieza de trabajo; esta mezcla forma la soldadura y se solidifica. El recubrimiento del electrodo desoxida el área de soldadura y proporciona un gas inerte que la protege del oxígeno del ambiente; asimismo, genera escoria que protege la zona soldada y controla la velocidad a la que se funde el electrodo.

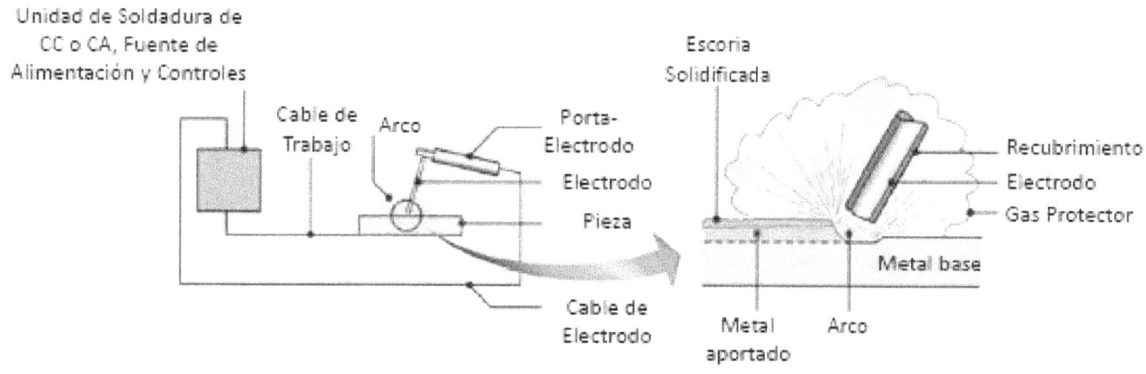

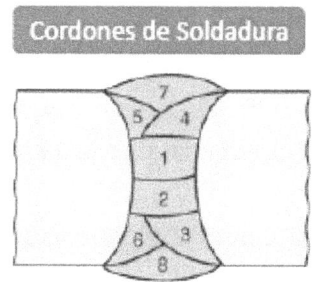

— <u>Por arco metálico y gas (MIG)</u>: en la soldadura por arco metálico y gas, el área de soldadura se protege con una atmósfera realmente inerte de argón, helio u otras mezclas de gases. El alambre desnudo consumible se alimenta de forma automática a través de una boquilla. El metal del electrodo consumible puede transferir al área con tres métodos:

• Transferencia por rociado o aspersión: se transfieren pequeñas gotas de metal fundido a razón de varios cientos de gotas por segundo.

- Transferencia globular: se transfiere material de forma más violenta, llegando a formas salpicaduras.
- Cortocircuito: se transfiere metal en gotas individuales conforme la punta del electrodo toca el metal fundido y hace cortocircuito.

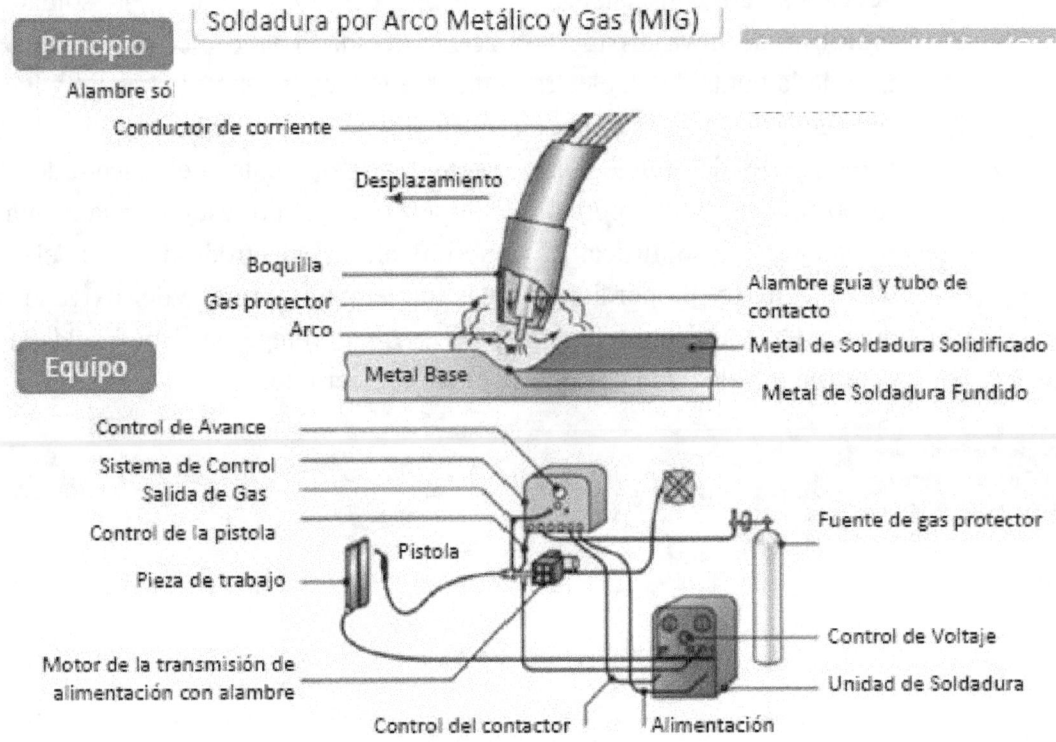

23.2 Soldadura de estado sólido

Este apartado describe los procesos de la soldadura de estado sólido, en los que la unión tiene lugar sin fusión en la interfase de las dos partes que se van a soldar. En este tipo de soldadura, no se requiere una fase líquida para hacer la unión. El principio de la soldadura de estado sólido se demuestra mejor con el ejemplo siguiente: si dos superficies limpias se ponen en contacto estrecho una con otra a presión suficiente, se adhieren y producen una unión. Para que el enlace sea fuerte, es esencial que la interfase esté libre de contaminantes como películas de óxido, residuos, etc.

La unión de estado sólido comprende uno o más de los siguientes fenómenos:

– Difusión: transferencia de átomos en la zona de unión. Este fenómeno se ve favorecido cuanto mayor es la temperatura.

– Presión: cuanto mayor sea la presión, mejor será el contacto entre ambas superficies y la unión será más robusta. Se suele llegar a la deformación plástica de la zona de contacto.

Distinguiremos cuatro tipos de soldadura de estado sólido:

1. **Unión por laminación**: la presión requerida para soldar se puede aplicar por medio de un par de rodillos. Es un proceso que puede realizarse a elevadas temperaturas para favorecer la difusión entre los materiales.

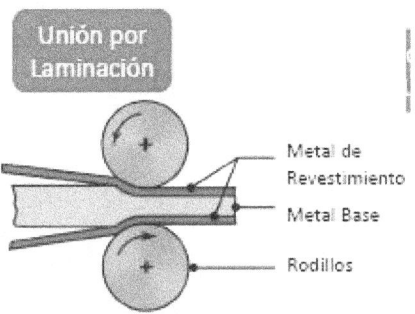

2. **Soldadura por ultrasonidos**: las superficies a soldar se someten a una fuerza normal y esfuerzos cortantes oscilantes. Los esfuerzos cortantes se aplican con la punta de un *transductor,* el cual genera vibraciones por ultrasonidos. Estas tensiones cortantes causan una deformación plástica que genera una unión fuerte.

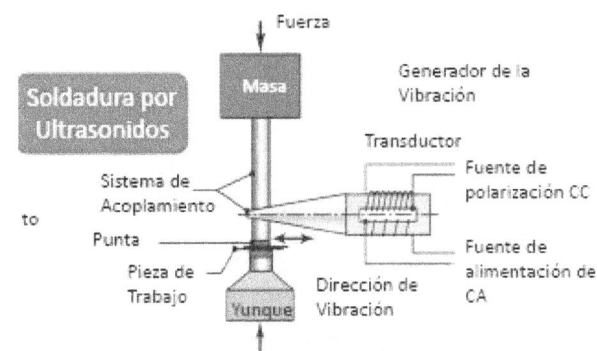

3. **Soldadura por fricción**: en este proceso, una de las piezas permanece estacionaria mientras que la otra se coloca en un plato de sujeción y se le proporciona una velocidad angular. Después, los dos miembros a unir se ponen en contacto sometidos a una fuerza axial. Luego de que se ha establecido suficiente contacto, el miembro rotatorio se detiene rápidamente para que la soldadura no se rompa por cizallamiento y se incrementa la fuerza axial. La presión y el calor resultante de la fricción son suficientes para que se forme una unión fuerte.

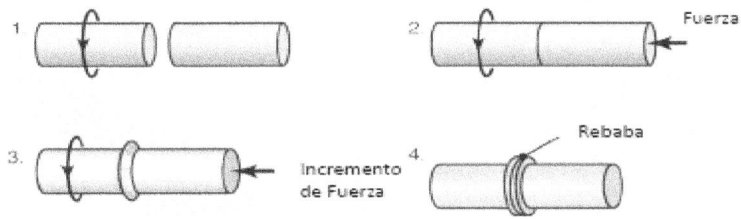

4. <u>Soldadura por resistencia</u>: en este proceso, la punta de dos electrodos cilíndricos, sólidos y opuestos, tocan una unión de dos metales sólidos y el calentamiento de la resistencia produce una soldadura en un punto. Este tipo de soldadura tiene una gran aplicación en sectores como el del automóvil.

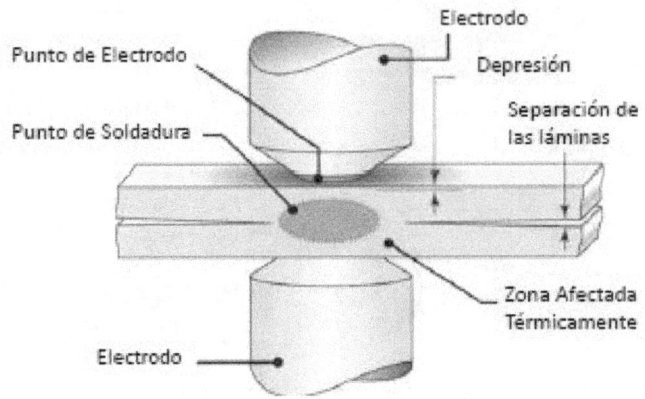

23.3 Soldadura fuerte y soldadura blanda

La soldadura fuerte es un proceso de unión en el que un metal de aporte se coloca entre las superficies a unir (o en la periferia) y la temperatura se eleva lo suficiente como para fundir ese material, pero no para fundir la superficie de las piezas a unir. El metal fundido rellena los huecos por capilaridad y al solidificarse se produce la unión de las piezas.

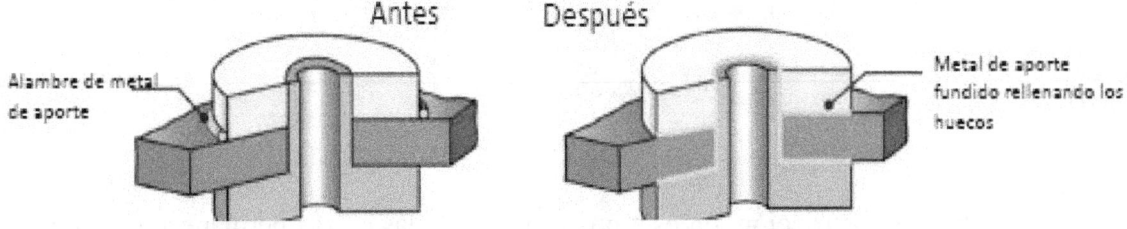

En la soldadura blanda, el metal de aporte se funde a una temperatura baja y rellenan las juntas por capilaridad al igual que la soldadura fuerte. Se aplica sobre todo a circuitos impresos. La diferencia reside en esa baja temperatura de fusión del material de aporte.

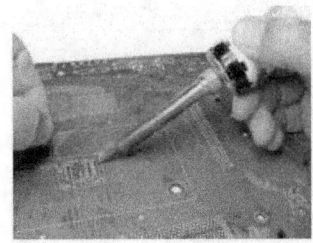

23.4 Unión por adhesivos

Una unión mediante adhesivos debe ser diseñada de tal forma que el adhesivo trabaje sometido a cargas de cortadura todo lo posible, evitando los esfuerzos de pelado.

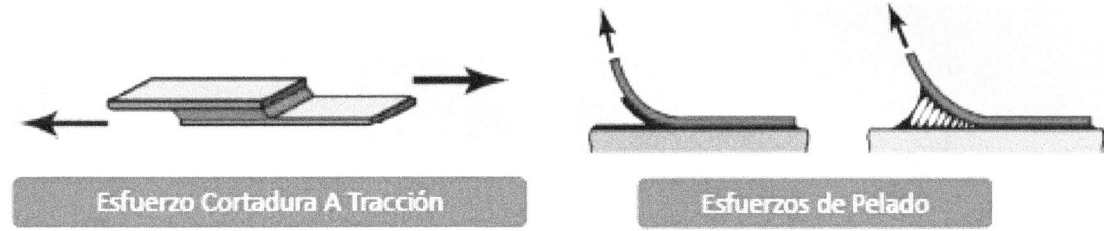

A la hora de diseñar una unión adhesiva hay que tener en cuenta una serie de consideraciones:

- El área pegada debe ser tan grande como sea posible debido a la geometría.
- La superficie de aplicación debe estar lo más limpia posible.
- En ocasiones cierta rugosidad es deseable porque pueden mejorar la adhesión.
- El adhesivo debe estar solicitado en la dirección de máxima resistencia.
- La tensión debe ser mínima en la dirección en la que la unión es más débil.
- El adhesivo debe resistir los ambientes a los que estará expuesto.

Existen multitud de tipos de adhesivos:

Naturales
- Almidón
- Dextrina
- Harina de soja
- ...

Inorgánicos
- Silicato de sodio
- Oxicloruro de magnesio

Orgánicos
- Termoplásticos (preferentemente uniones estructurales): Cianocrilato
- Termoestables (uniones estructurales): resinas epoxi, uretanos, siliconas,...

Algunas ventajas de este tipo de uniones son:

- Produce superficies lisas, libres de irregularidades.
- No se requieren taladros, que debilitan el material base.
- Distribuye los esfuerzos a lo largo de toda la línea de unión.
- Produce uniones más rígidas y ligeras.
- Permite unir materiales distintos y piezas muy pequeñas o frágiles.
- Gran variedad de usos.

En contraposición, algunas de sus desventajas son:

- Rango limitado de temperaturas de uso.
- Requiere grandes tiempos de curado.
- La preparación de las superficies a pegar es crítica.
- Durabilidad. Degradación por humedad ambiental.

Para finalizar, veamos algunos ejemplos de uniones adhesivas:

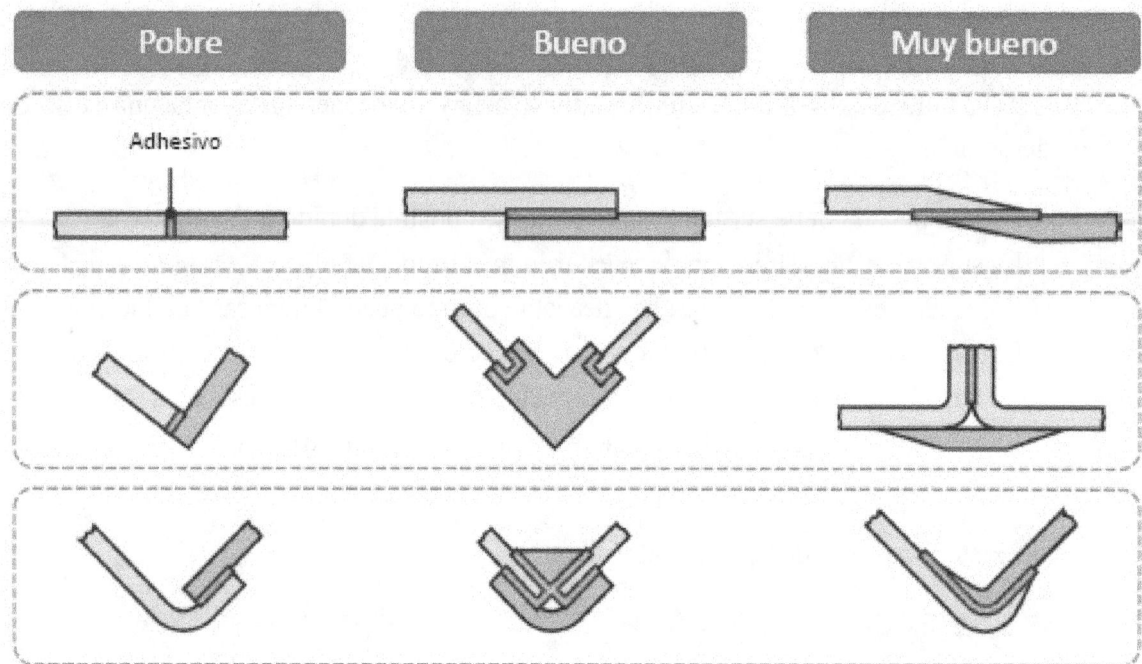

23.5 Unión mecánica

Las uniones mecánicas presentan una serie de ventajas: (a) sencillez de fabricación e implementación, (b) sencillez de manejo y transporte, (c) sencillez de desensamblaje y reparación, (d) sencillez de diseño y (e) disminución de los costes de fabricación. Distinguimos dos uniones mecánicas de vital importancia:

1. Uniones roscadas: se tratan de uniones no permanentes o desmontables. Tienen un inconveniente, y es que sufren el riesgo de aflojamiento bajo vibración.

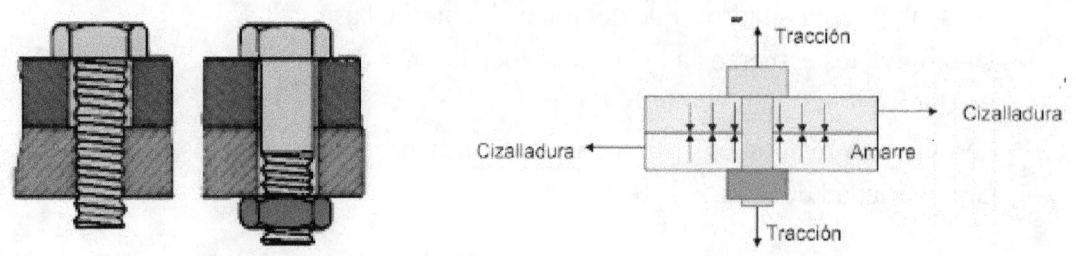

2. Uniones remachadas: consiste en la colocación de un remache en el orificio y la posterior deformación del extremo del vástago para fijar la unión.

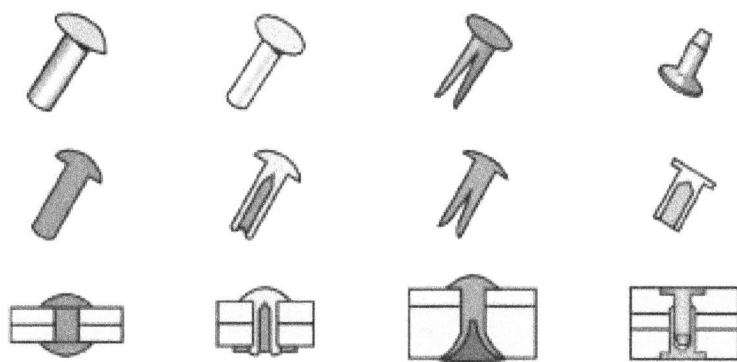

Otros métodos de unión empleados son la deformación de piezas a unir, el engrapado y la sujeción por resorte:

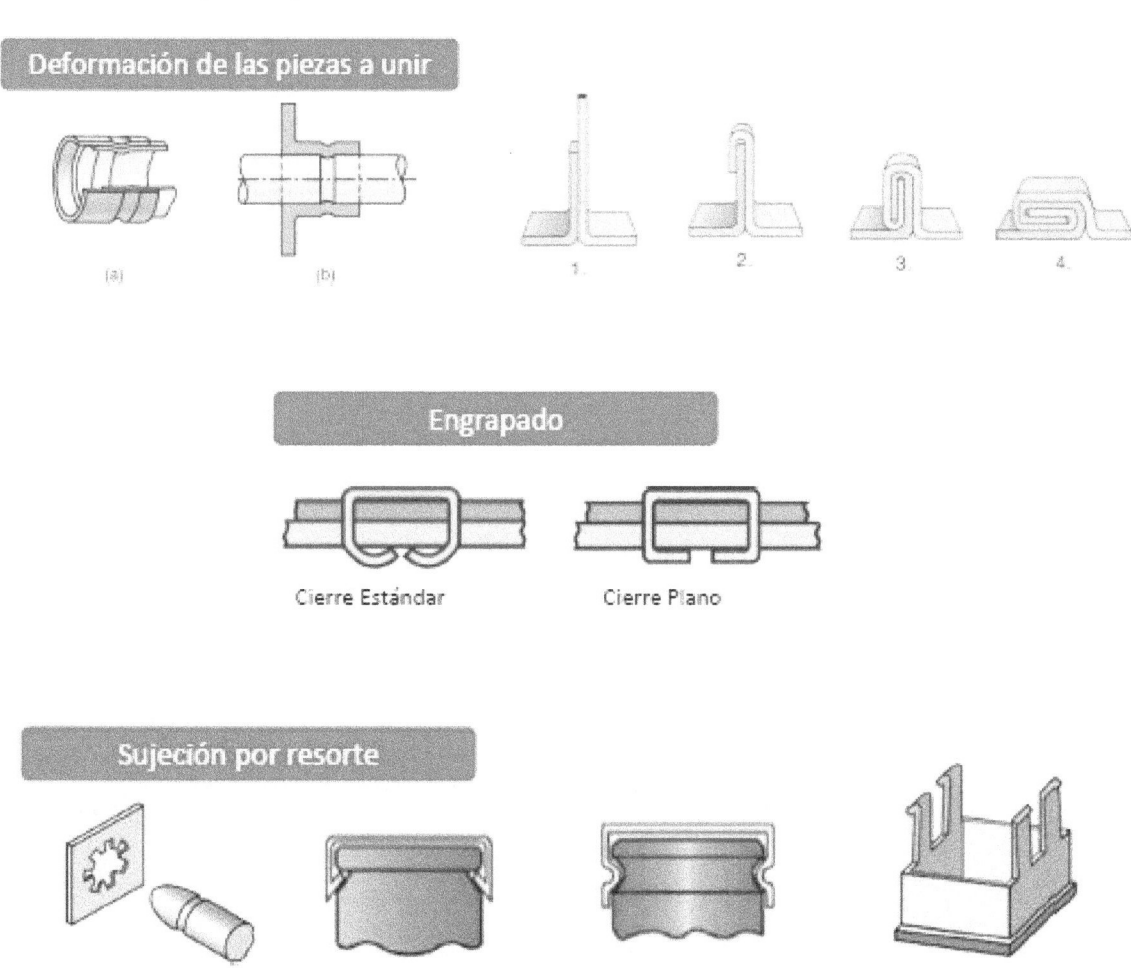